图说 农村人居环境改善

高立洪　毕　茹　杨玉鹏 / 著

U0240701

西南大学出版社

SWUP 国家一级出版社 全国百佳图书出版单位

本书获得了重庆市农业农村委员会"农村改厕技术支撑"项目资助。研究内容在"农业废弃物资源化利用技术与设备研发重庆市重点实验室"完成。

图书在版编目（CIP）数据

图说农村人居环境改善 / 高立洪，毕茹，杨玉鹏著
. –– 重庆：西南大学出版社，2023.10
ISBN 978-7-5697-1961-1

Ⅰ. ①图… Ⅱ. ①高… ②毕… ③杨… Ⅲ. ①乡村—居住环境—改造—中国—图集Ⅳ. ① X21-64

中国国家版本馆 CIP 数据核字（2023）第 194851 号

图说农村人居环境改善
TUSHUO NONGCUN RENJU HUANJING GAISHAN

高立洪　毕　茹　杨玉鹏 著

责任编辑｜路兰香　周明琼
责任校对｜杨景罡
装帧设计｜闽江文化
排　　版｜闽江文化
出版发行｜西南大学出版社
　　　　　地　　址｜重庆市北碚区天生路 2 号
　　　　　邮　　编｜400715
　　　　　电　　话｜023-68258624
　　　　　印　　刷｜重庆金博印务有限公司
幅面尺寸｜185 mm × 260 mm
印　　张｜7.25
字　　数｜127 千字
版　　次｜2023 年 10 月 第 1 版
印　　次｜2024 年 12 月 第 2 次印刷
书　　号｜ISBN 978-7-5697-1961-1
定　　价｜39.00 元

前言

改善农村人居环境，是以习近平同志为核心的党中央从战略和全局高度作出的重大决策部署，是实施乡村振兴战略的重点任务，对持续提高乡村生活质量、缩小城乡发展差距、全面推进乡村振兴、加快农业农村现代化具有深远的历史意义和重大的现实意义。

我国地形复杂多样，山区总面积约占全国陆地总面积的69%。与平原相比，山区农村农户居住分散、建筑量大面广、类型多样，农村人居环境问题成因复杂，不同地区的技术需求的差异较大，如何因地制宜地改善农村人居环境是一项系统工程。

重庆集大城市、大农村、大山区、大库区于一体，山地面积超过75%，因而得名"山城"。为了普及山区农村人居环境整治提升技术，重庆市农业科学院选取重庆的典型案例，组织编绘了《图说农村人居环境改善》一书，用于提升重庆乃至我国山区农村人居环境品质。本书包括农村改厕、农村生活污水处理、农村生活垃圾治理、村容村貌四个方面的内容，图文并茂、通俗易懂、内容精练、知识全面，体现了重庆山地特征及巴渝文化特色。希望本书的出版有助于提升广大农民对农村人居环境改善的认知，对山区农村人居环境整治技术模式的选择和工程建设起到借鉴作用。

限于作者水平，敬请同行专家和读者批评指正不当或错误之处。

著者

2023 年 10 月

目录

第一章

农村改厕

本章重点对重庆农村地区主要改厕类型、建设标准、建造方法及维护管理等内容进行介绍，用于科学指导农村厕所改造工作。

 农村改厕概述

（一）农村改厕的意义

农村厕所改造能够改善如厕卫生条件，控制粪尿污染，减少疾病传播，改善农村人居环境，提高广大农民生活品质。经无害化处理后的粪污还可作为肥料还田利用，提高农产品品质。

（二）山区农村厕所特点

我国山区地形复杂，农户居住分散，农村改厕工作面临着选址难、施工难、管

图 1.1　农村厕所（三格式）

护难等突出问题。重庆农村改厕要加强宣传引导，坚持统筹规划、因地制宜、建管并重。

（三）改厕类型

重庆农村改厕类型以三格式户厕为主，以集中下水道收集户厕、沼气池式户厕为辅。在高海拔（平均值≥800 m）或缺水地区，则以生态旱厕为主。

三格式户厕主要由厕屋、洁具、三格化粪池等部分组成，是利用三格化粪池对厕所粪污进行无害化处理的农村户用厕所。

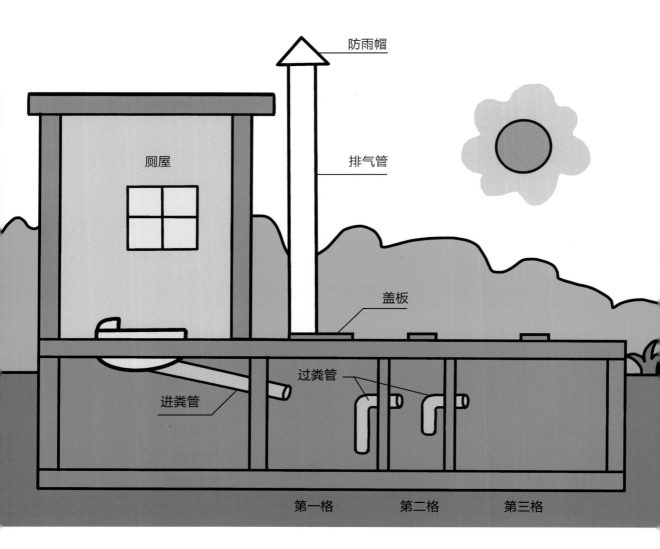

防雨帽

厕屋

排气管

盖板

过粪管

进粪管

第一格　　　　第二格　　　　第三格

图 1.2　农村三格式户厕

集中下水道收集户厕主要由厕屋、洁具、户用化粪池等部分组成，是经排水管将厕所污水排入污水收集管网的农村户用厕所。

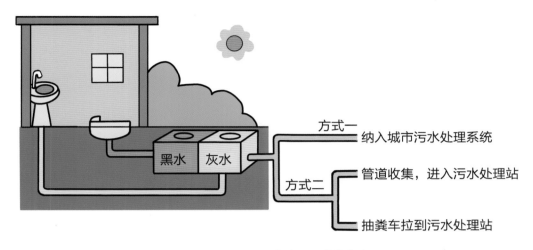

○图 1.3　集中下水道收集户厕

沼气池式户厕主要由厕屋、洁具、沼气池等部分组成，是利用沼气池对厕所粪污进行无害化处理的农村户用卫生厕所。

注：近年来，由于养猪农户逐渐减少，原料不足，沼气池式户厕逐渐被淘汰。

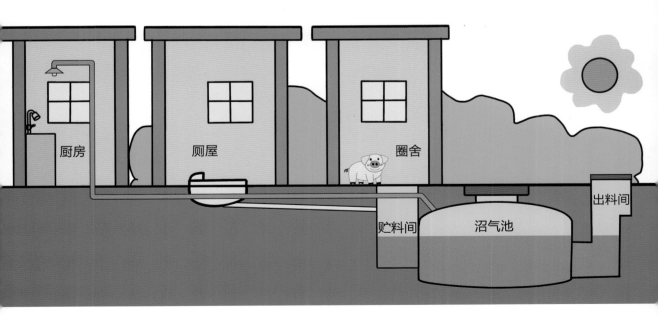

○图 1.4　沼气池式户厕

生态旱厕是指不用水冲,利用微生物对粪便进行无害化处理的农村户用卫生厕所,主要由便器、贮粪间、防臭阀、排气管等组成。

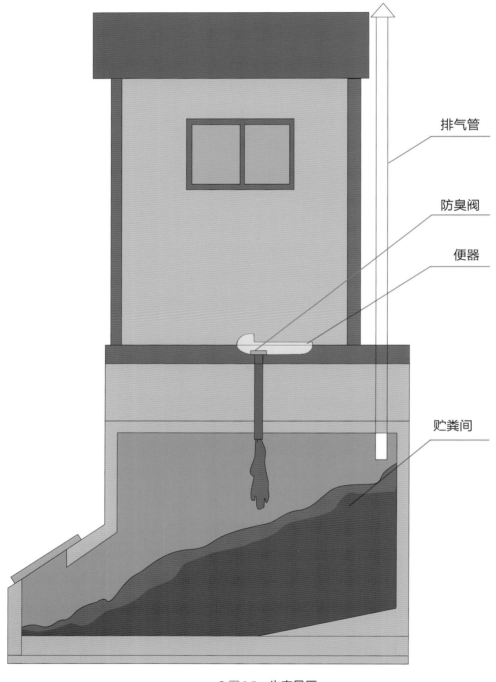

排气管

防臭阀

便器

贮粪间

♀ 图 1.5　生态旱厕

 三格式户厕

（一）三格式户厕组成

三格式户厕包括厕屋、蹲（坐）便器、冲水设备及三格化粪池等部分。

○ 图 1.6 三格式户厕组成

（二）三格式户厕选址

选址注意事项：厕屋宜进院入室；独立式厕屋宜建在居室、厨房的主导风向的下风向或侧风向；化粪池应远离水源及其他敏感水体，避免建设在低洼和积水地带；厕屋不与畜禽舍连通，应留足公共清掏空间和通道。

○ 图 1.7　三格式户厕选址

（三）三格式户厕厕屋建造

建造特点：有墙、有顶、有门、有窗、有照明、有洗手盆、有便器及冲水设备、有地面硬化并做防滑处理。

面积：≥ 1.2 m²。

净高：≥ 2.0 m（独立式厕屋）。

独立式厕屋地面应高出室外地面 100 mm 以上。

○ 图 1.8　三格式户厕厕屋要求

○ 图 1.9　三格式户厕的黑水、灰水分离

新建厕屋时宜将黑水和灰水分别收集，洗涤和厨房污水等灰水不应排入化粪池。

对厕屋已建好的，有条件的可采取加装挡水条等措施进行改进，以实现黑水、灰水分离的目的。

（四）厕屋改造

鼓励农户利用闲置猪圈进行厕所改造，加固屋顶，砌隔墙。改造后厕所内应安装照明设施，配套洗手盆、便器及冲水设备，粪坑增加密闭盖板，管道外接三格化粪池或污水处理系统。

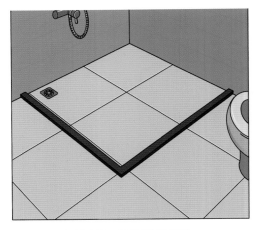

♀ 图 1.10　卫生间挡水条

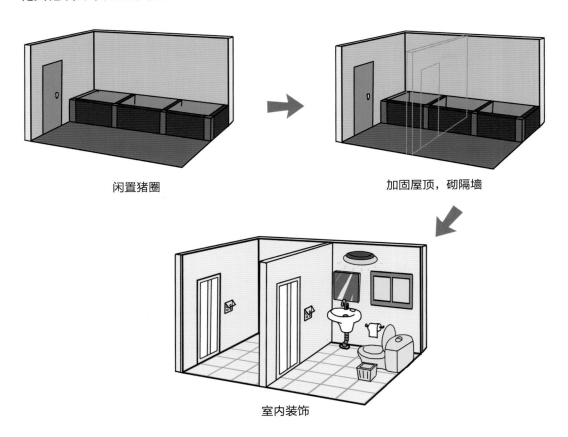

闲置猪圈

加固屋顶，砌隔墙

室内装饰

♀ 图 1.11　闲置猪圈改造厕屋

（五）洁具选择

科学合理选择便器，冲水量和水压应满足要求，宜选用微水冲等节水型便器。

小便器　　　　　　　　蹲便器　　　　　　　　坐便器

♀图 1.12　洁具类型

（六）三格化粪池技术原理

三格化粪池主要是在密闭环境下，采用粪渣沉降和微生物降解的原理，对粪污进行无害化处理。在第一格中，部分虫卵和粪渣发生沉降，部分病原体死亡；在第二格中，再次发酵，病原体死亡；在第三格中，粪污实现彻底无害化与贮存。粪尿在第一、二、三格中停留的时间分别不少于 20 天、10 天和 30 天。

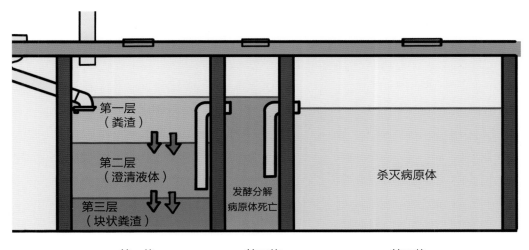

第一层
（粪渣）

第二层
（澄清液体）

第三层
（块状粪渣）

发酵分解
病原体死亡

杀灭病原体

第一格　　　　　　　第二格　　　　　　　第三格
（截留、沉淀与发酵）　　（二次发酵）　　　　（贮粪池）
停留时间≥ 20 d　　　停留时间≥ 10 d　　　停留时间≥ 30 d

♀图 1.13　三格化粪池技术原理

（七）三格化粪池选型

三格化粪池可采用砖混砌筑、混凝土浇筑或选用预制型产品。

化粪池应根据使用人数和地形条件确定容积，布局以目字形为主，也可采用可字形、品字形、丁字形等。

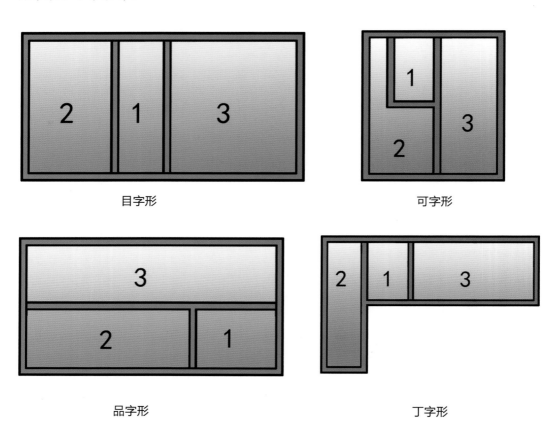

图 1.14　化粪池形状

（八）三格化粪池有效容积

表 1.1　三格化粪池有效容积表

厕所使用人数（人）	≤ 3	4~6	7~9
有效容积设置（m³）	≥ 1.5	≥ 2.0	≥ 2.5

图 1.15 三格化粪池有效容积

表 1.2 三格化粪池具体要求

序号	名称	要求	备注
1	进粪管	管径 ≥ 100 mm，坡度 ≥ 20%	大于 3 m 时，应适当增加铺设坡度
2	过粪管	管径 ≥ 100 mm，上沿距池顶 ≥ 100 mm	两个过粪管交错设置
3	排气管	安装在第一池，内径 ≥ 100 mm，高度 ≥ 2 m 或高于户厕屋檐 500 mm	加防雨帽或 T 形三通
4	清渣口	直径 ≥ 200 mm，高出地面 ≥ 100 mm	清渣口和清粪口应加盖
5	深度	第一、二、三池深度相同，有效深度 ≥ 1 m	

（九）三格化粪池具体要求

三格化粪池的三格应按要求设置进粪管、过粪管、排气管，清渣口、清粪口的设置应考虑使用安全和便利性。

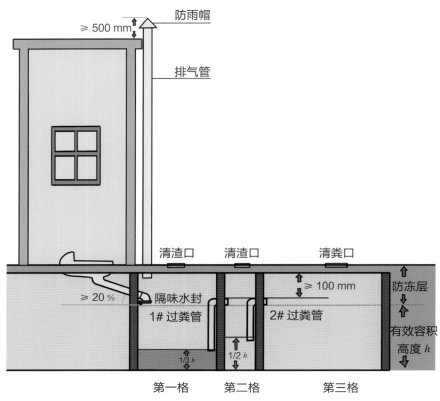

○ 图 1.16　三格化粪池结构图[①]

（十）三格化粪池施工

1. 现建三格化粪池建造步骤

现建三格化粪池建造步骤为：放线和挖坑→基础处理→墙体砌筑→抹灰→安装过粪管→覆土回填→盖板的预制及安装→安装排气管→试水启用。

（1）放线和挖坑

基坑尺寸根据化粪池设计尺寸、土壤条

○ 图 1.17　放线和挖坑

---

① 本书部分尺寸旨在示意，不是绝对值，因此未按施工图纸的标准绘制。

件、施工作业要求等确定。在寒冷和严寒地区，应确保化粪池有效容积线在冰冻线以下。

（2）基础处理

坑底整平夯实，铺设混凝土或砂石垫层，混凝土强度等级不低于 C15、厚度不小于 100 mm，砂石垫层厚度不小于 150 mm，软土、沙土等特殊地基应采取换土等措施处理。

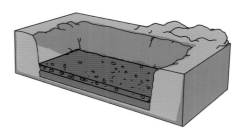

○ 图 1.18　基础处理[1]

（3）墙体砌筑

砖砌化粪池采用强度等级不小于 MU15 级的砖或等强度的代用砖，以及不低于 M10 的水泥砂浆砌筑。钢筋混凝土化粪池——整体浇筑，振捣密实，并进行必要的养护，混凝土强度等级不小于 C25，钢筋采用 HPB300、HRB400。

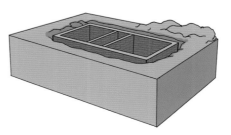

○ 图 1.19　墙体砌筑

（4）抹灰

池壁内外表面应抹防水砂浆，厚度不应小于 20 mm。

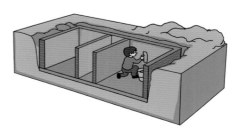

○ 图 1.20　抹灰

（5）安装过粪管

过粪管设置成倒 L 形或 I 形，两个过粪管应交错设置。

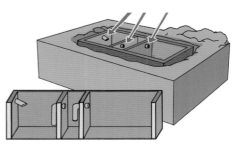

图 1.21　安装过粪管

（6）覆土回填

采用原土在四周对称分层密实回填，剔除尖角砖、石块及其他硬物，不带水回填。

○ 图 1.22　覆土回填

---

[1]　为展示内部结构，部分图为剖面图，后同。

（7）盖板的预制及安装

用水泥、沙子、石子搅拌成混凝土，灌入扎有钢筋的模具里制成盖板。盖板尺寸与清掏口尺寸一致，厚度不小于 5 cm。活动盖板设钢筋拉手，方便清掏时移开盖板。

（8）安装排气管

排气管安装在第一池，靠墙固定安装。

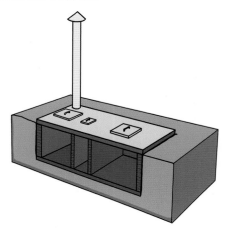

♀ 图 1.23　**盖板的预制及安装**

（9）试水启用

格池密封性检查：向第二池注水，静置 24 h 后观察第一、三池，无串水现象为合格。整体密封性检查：注水后静置 24 h，观察是否有破裂或变形，同时观察水位线，下降不超过 1% 为合格。

♀ 图 1.24　**安装排气管**　　　　　　♀ 图 1.25　**试水启用**

2. 一体式化粪池建造步骤

一体式化粪池建造步骤为：放线和挖坑→基础处理→池体安装→覆土回填→安装排气管→试水启用。

（1）放线和挖坑

参照现建三格化粪池施工。

♀ 图 1.26　**放线和挖坑**

（2）基础处理

当地基为坚土时，铺设砂石垫层，厚度不小于 120 mm；当地基为软土时，铺设混凝土垫层，厚度不小于 100 mm。

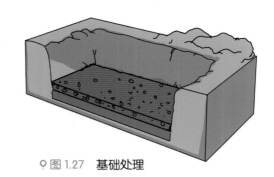

○ 图 1.27　基础处理

（3）池体安装

内部隔板、过粪管的安装位置应准确，各部位连接应密封、牢固、不渗漏。组装完成后，进行池体、格池间密封性能抽样检查。

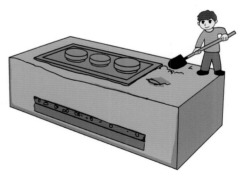

○ 图 1.28　池体安装

（4）覆土回填

采用原土在四周对称分层密实回填，剔除尖角砖、石块及其他硬物，不带水回填。

（5）安装排气管

排气管安装在第一池，靠墙固定安装。

○ 图 1.29　覆土回填

（6）试水启用

参照现建三格化粪池。

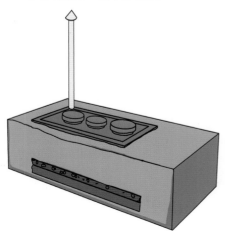

○ 图 1.30　安装排气管　　　　○ 图 1.31　试水启用

（十一）维护管理要点

定期检查盖板是否密闭、过粪管是否阻塞、排气管是否畅通等。

化粪池启用：启用前在第一格池内注入清水，水位应高出过粪管下端口，第二格和第三格不要加水，定期检查最高水位。

定期检查

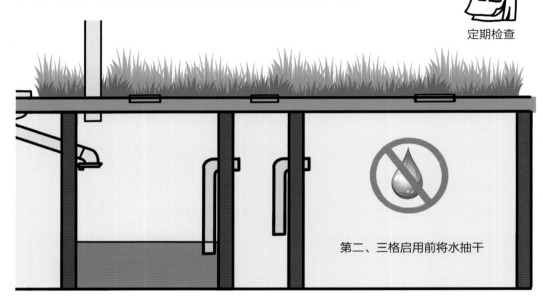

第二、三格启用前将水抽干

📍图 1.33　化粪池维护管理要点（1）

适时清掏粪污。第一、二、三池粪污不应互混清掏；不应取用第一、二池的粪污施肥；粪污清掏后可集中处理。

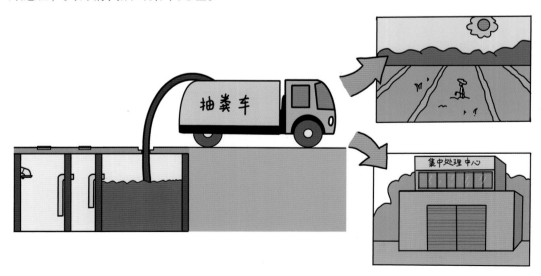

📍图 1.34　化粪池维护管理要点（2）

厕纸和洗澡水、洗衣水等避免排入三格化粪池。

厨余垃圾、腐烂果蔬、畜禽粪污等严禁丢入三格化粪池。

图1.35　化粪池维护管理要点（3）

化粪池周边宜设置围栏和安全标志。

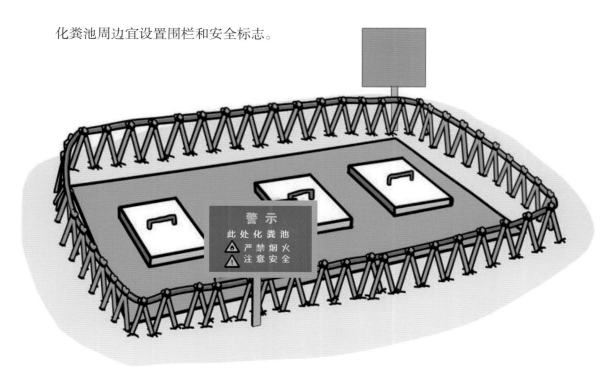

图1.36　化粪池维护管理要点（4）

不得在化粪池周边点灯、吸烟或燃放爆竹。

♀ 图 1.37　化粪池维护管理要点（5）

三 集中下水道收集户厕

（一）集中下水道收集户厕的组成

集中下水道收集户厕包括厕屋、蹲（坐）便器、冲水设备及户用化粪池等部分。

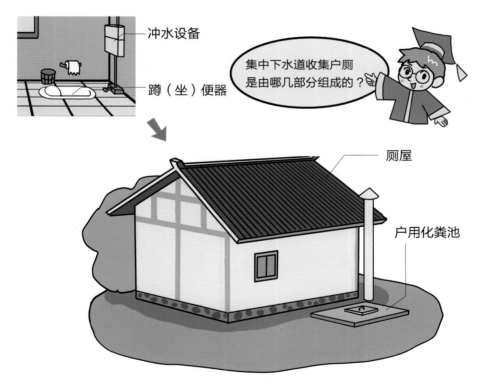

冲水设备

蹲（坐）便器

集中下水道收集户厕是由哪几部分组成的？

厕屋

户用化粪池

○ 图 1.38　集中下水道收集户厕的组成

（二）粪污收集模式

厕所污水应先排入化粪池，再流入排水管，进入污水收集管网。厨房、洗涤、洗浴污水可直接进入污水收集管网。入户管道坡度较大时，厕所污水可直接接入污水收集管网。

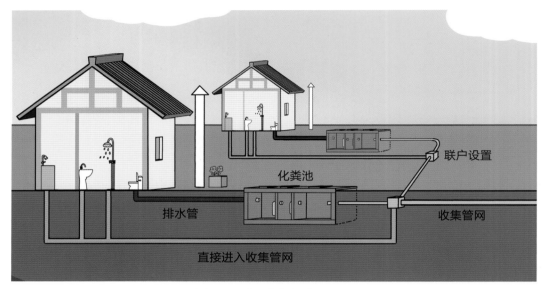

图 1.39　粪污收集模式

（三）集中下水道收集户厕有效容积

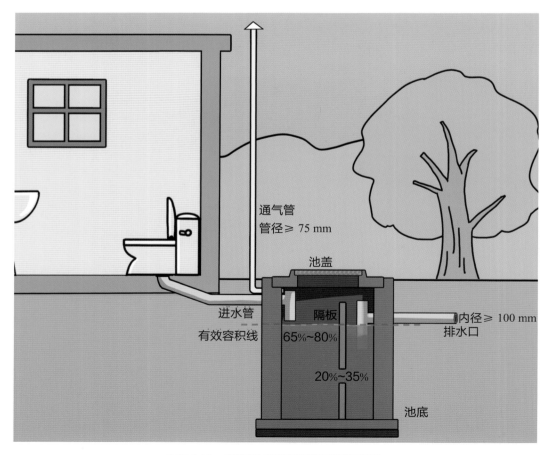

图 1.40　集中下水道收集户厕有效容积

表 1.3 户用化粪池有效容积表

厕所使用人数（人）	≤ 3	4~6	7~9
有效容积设置（m³）	≥ 0.75	≥ 1.5	≥ 2.0

（四）集中下水道收集户厕化粪池具体要求

集中下水道收集户厕化粪池宜为两格式结构，也可采用一格式，应按要求设置进水管、排水管、通气管，池盖应有标识。

表 1.4 集中下水道收集户厕化粪池具体要求

序号	名称	要求	备注
1	进水管	内径 ≥ 100 mm，坡度 ≥ 3%	末端应安装导流装置
2	排水管	内径 ≥ 100 mm，坡度 ≥ 0.5%	深入化粪池内的排水管应安装浮渣拦截装置
3	导流装置及浮渣拦截装置	采用 T 形接头	进水管 T 形接头垂直部分应在液面以上，排水管 T 形接头垂直部分应伸入液面 200~400 mm
4	通气管	管径 ≥ 75 mm，高出屋面 300 mm	设置在户用化粪池或进水管位置上方，顶部应加装通气帽
5	池盖	—	有标识，位于绿化带内的池盖不应低于地面

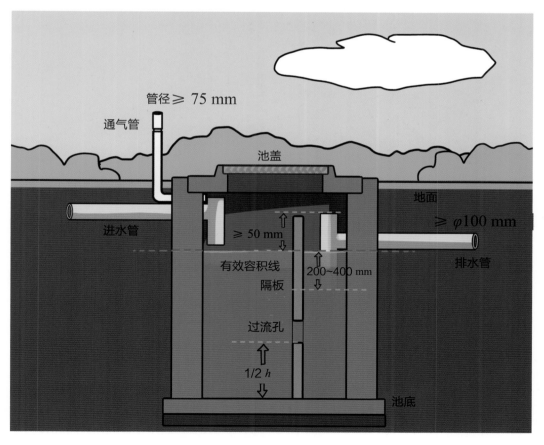

○ 图 1.41 集中下水道收集户厕化粪池结构图

　　集中下水道收集户厕化粪池的有效深度不应小于 1.0 m，宽度和长度不宜小于 0.7 m。圆形户用化粪池直径不宜小于 0.8 m。

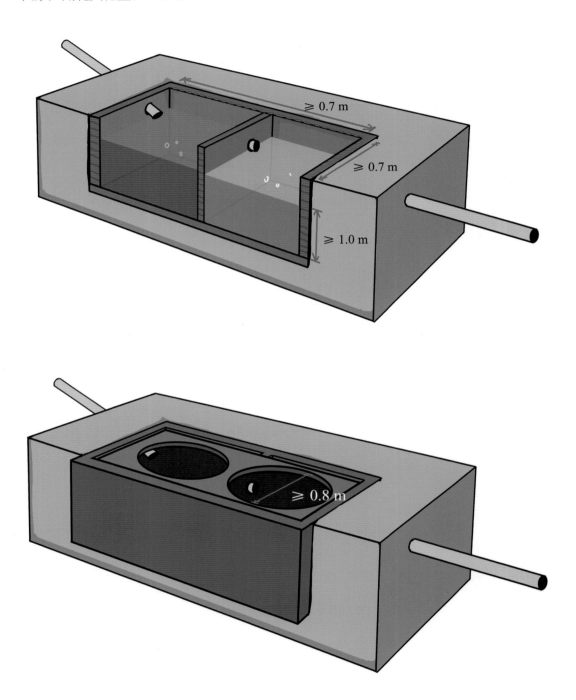

● 图 1.42　集中下水道收集户厕化粪池的尺寸要求

四 生态旱厕

（一）生态旱厕常见类型

生态旱厕主要包括堆肥式旱厕、微生物降解旱厕等类型。

（二）堆肥式旱厕

堆肥式旱厕是一种无动力免水冲厕所。农户如厕后，及时加入锯末、稻壳、粉碎秸秆、干树叶等基质覆盖粪便，可定期加入微生物菌剂，将粪便进行无害化处理。

优点 无须耗电，可产生有机肥。

缺点 需要定期清掏。

排气管
蹲便器
贮尿池
盖板
贮粪间

📍 图 1.43　**堆肥式旱厕**

（三）微生物降解旱厕

微生物降解旱厕主要由便器、排气管、排气扇、发酵槽、机械传动装置及加热装置等部分组成。使用前将微生物菌剂和填料放进发酵槽，如厕后用电力将粪便和填料混合搅拌，在微生物菌剂作用下将粪便分解。

优点 配备加热装置，高寒地区不影响使用；无需给水、排水设施，不用铺设排污管网；一体化处理。

缺点 设备耗电，需要定期加入微生物菌剂。

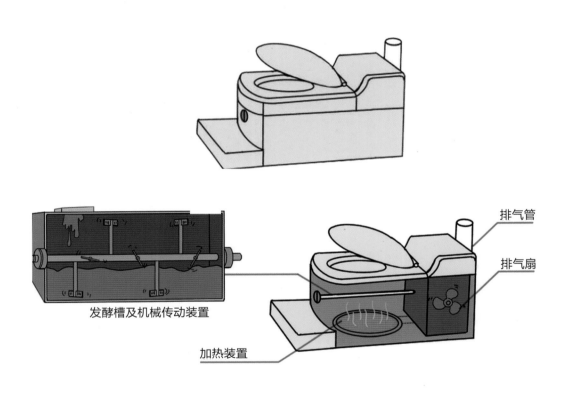

发酵槽及机械传动装置

排气管

排气扇

加热装置

⚲ 图1.44 微生物降解旱厕（一体式）

第二章

农村生活
污水处理

本章对山区农村生活污水常用处
理模式和技术设备进行介绍，用于指
导农村生活污水处理技术模式选择、
设施设备配置及其运行维护。

一 农村生活污水处理概述

（一）农村生活污水定义

农村生活污水是指农村居民生活所产生的污水，主要包括冲厕、洗衣、洗浴、清洁、做饭等产生的污水。

◎ 图 2.1　农村生活污水主要来源

（二）山区农村生活污水处理特点

山区农村的生活污水收集难度大、处理成本高、运维管护难，农村生活污水处理宜选择无动力或微动力的处理技术和设备，减少建设运行成本，并综合考虑污水治理与利用相结合。

（三）农村生活污水来源

农村生活污水包括黑水和灰水两类。

黑水主要为厕所粪污，约占生活污水排放总量的 30%；灰水主要包括做饭、洗衣、清洁和洗浴产生的污水，约占生活污水排放总量的 70%。

♀ 图 2.2　农村生活污水来源

（四）农村生活污水特征

1. 收集难度大

山区农户居住分散，生活污水排放涉及范围广，大多不具备完备的污水收集系统及配套污水处理设施。

图 2.3 农户居住分散

2. 水量变化大

农村生活污水水量波动较大，用水高峰期一般集中在早、中、晚，而其他时段的用水量较少。不同地区受经济水平、生活习惯、季节等因素影响，水量变化也较大。

3. 有机物含量高

农村生活污水中主要含有有机物、悬浮物、氮、磷等，不含重金属，适宜采用生化处理，经处理后可实现达标排放，或用于农田灌溉、景观用水等。

图 2.4 水量不稳定

二 农村生活污水处理模式

根据不同地区村庄人口规模、村落分散程度、距离城市远近等实际情况，农村生活污水处理主要有分散处理、村落集中处理、城乡统一处理三种模式。

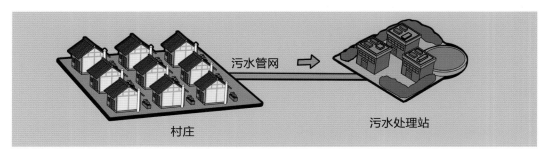

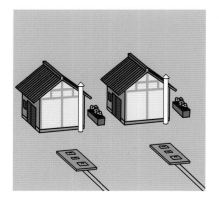

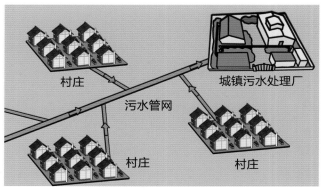

♀ 图 2.5　污水处理模式

（一）分散处理

分散处理适用于人口密度低、地形条件复杂、污水不易集中收集的农村散户或院落，常采用原位处理、生态处理、四格化粪池处理等方式。

图 2.6　分散式污水处理模式

1. 原位处理

针对农户地处偏远、居住分散、受纳体消纳能力强的村庄，将无害化的污水就地就近接入农田、林地、草地等自然生态系统进行原位处理。自然生态系统对污染物具有较强的吸附、降解、吸收能力，可再利用污水中氮、磷等营养物质，使污水净化简单易行、成本低。

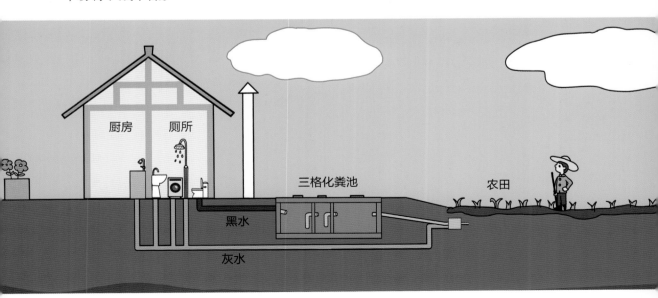

图 2.7　原位处理

2. 生态处理

对于周边有可利用土地或沟渠的村庄，可采用化粪池预处理 + 生态处理模式，预处理单元可选用调节池、厌氧池等，生态处理包括人工湿地、土壤渗滤、生态塘、生态沟渠等。此种方式成本相对较低，同时可美化环境。

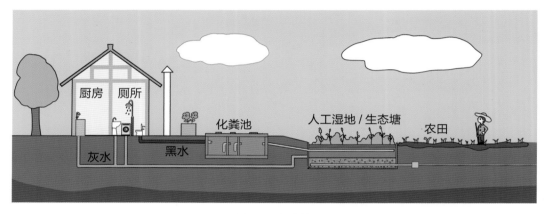

♀ 图 2.8　生态处理

3. 四格化粪池处理

有用肥需求的农村散户，可采用四格化粪池对黑水、灰水进行同步处理。强化型四格化粪池是在传统三格化粪池基础上进行改进的，其特点是在化粪池的第三格添加微生物缓释菌剂、铁改性生物炭以及海绵填料，强化对灰水的吸附与降解作用，并将第四格作为粪水贮存单元。

♀ 图 2.9　四格化粪池处理

（二）村落集中处理模式

村落集中处理模式适用于地势平坦、布局相对密集、规模较大的村庄或居民聚居点，单村或联村污水处理。此种方式节省土地资源，集中管理效率高。

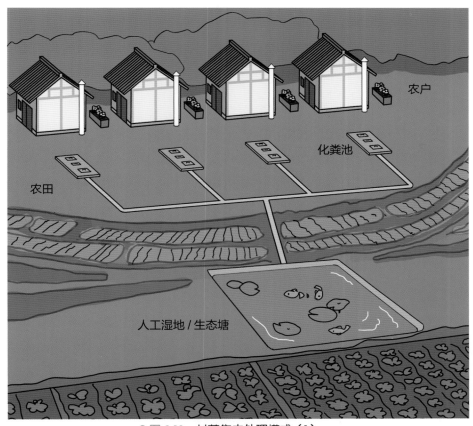

农户

化粪池

农田

人工湿地/生态塘

图 2.10 村落集中处理模式（1）

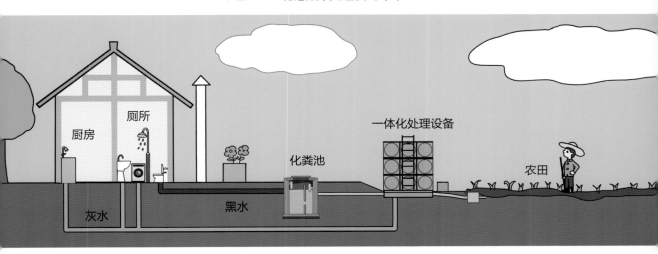

厕所

厨房

一体化处理设备

化粪池

农田

灰水

黑水

图 2.11 村落集中处理模式（2）

村落内的居民生活污水经管网收集后进入污水处理站统一处理。处理工艺以生物处理为主，也可采用一体化设备，后可接人工湿地、稳定塘、土壤渗滤等生态处理技术，处理后的出水达标排放或回用于农田灌溉、景观用水等。

（三）城乡统一处理模式

城乡统一处理模式适用于城乡接合部等距离市政污水管网较近，地势较平缓地区。将污水收集后接入邻近的市政污水管网，由城镇污水处理厂统一处理。此种方式见效快、方便管理。

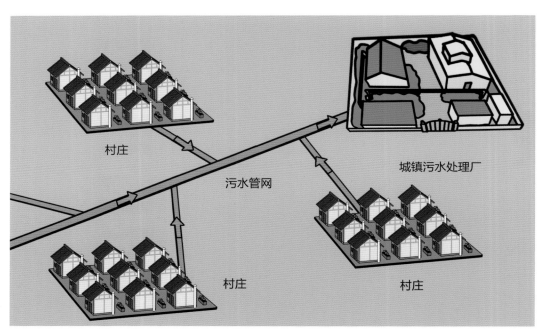

♀图 2.12　城乡统一处理模式

三 农村生活污水处理技术与设备

农村生活污水处理主要包括预处理和终端处理两部分技术。

预处理主要包括：化粪池、隔油池、格栅池、沉淀池等。

终端处理主要包括：人工湿地、稳定塘、土壤渗滤等生态处理技术和 A^2/O、SBR、MBR、生物接触氧化等生物处理技术。

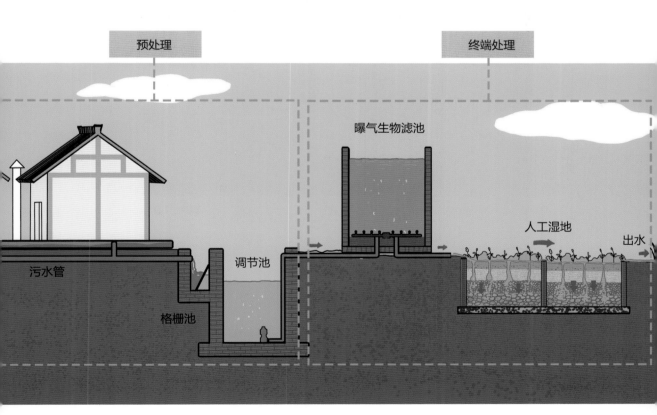

♀ 图 2.13　农村生活污水处理技术与设备

（一）生态处理技术

1. 人工湿地

人工湿地是一种通过人工设计、改造而成的半生态型污水处理系统，主要由土壤基质、水生植物和微生物三部分组成，利用各种动植物、微生物和基质的共同作用，达到污水净化目的。人工湿地适用于资金短缺、土地面积相对丰富的地区。人工湿地可分为表面流人工湿地、水平潜流人工湿地、垂直潜流人工湿地。

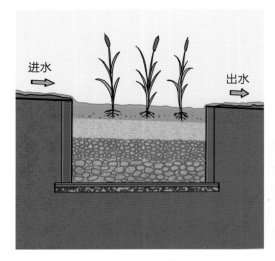

表面流人工湿地　　　　　　　水平潜流人工湿地

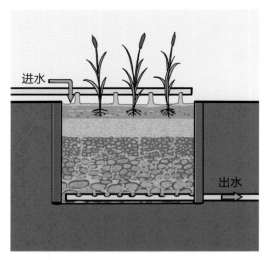

垂直潜流人工湿地

♀ 图 2.14　　人工湿地类型

（1）模块化人工湿地

模块化人工湿地采用成套模块化设计，可以现场快速组装，施工简便，运行成本极低。采用隙进水方式，周期性地将空气封于填料层中，能够维持人工湿地内较高水平的溶解氧浓度，保证湿地的碳氧化和硝化作用。设计的清洗系统能够保证湿地不堵塞，维持系统长期稳定运行。

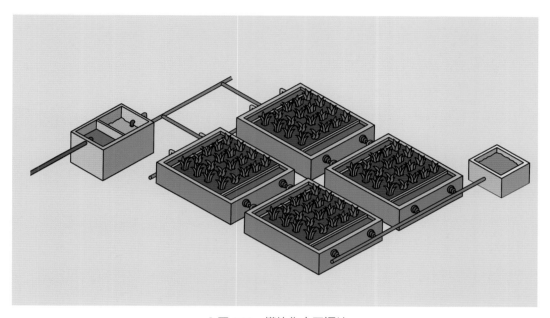

♀ 图 2.15　模块化人工湿地

（2）人工湿地建设步骤

人工湿地建设步骤：土方挖掘→防渗处理→铺设布水管道→基质材料填装→土壤回填与植物种植。

① 土方挖掘

先物探，后定位，出现积水及时清排。

② 防渗处理

基础平整，洒水 3 h 后碾压，压实度不小于 95%。基层清理后铺设防渗材料，防渗材料必须有合格证、第三方检

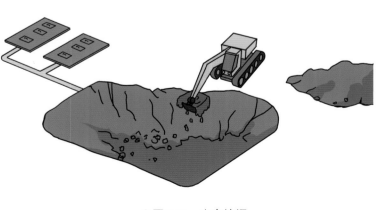

♀ 图 2.16　土方挖掘

测报告、产品使用说明。

③铺设布水管道

布水管采用 PE 管，热熔连接；排水管采用 PVC 管，粘接。排水管设于池底且高于池底 50 mm；上层铺设布水管道。管道试压满足静水压强不小于 0.8 MPa，稳压 30 min，不渗漏为合格。冲洗管内污泥、脏水及杂物，保证水流速 1.0 m/s。

④基质材料填装

回填料可分为碎石（石灰石级配颗粒）、火山岩（火山岩矿石级配颗粒）。填料分层回填规格分别为下层碎石粒径 32~64 mm，回填厚度 300 mm；中层火山岩粒径 8~16 mm，回填厚度 500 mm；上层碎石粒径 16~32 mm，回填厚度 200 mm。回填施工时，填料严禁混合。分层铺设填料时，应严格按照设计高度找平，每层铺设完成并验收合格后，进行下一层铺设。

⑤土壤回填与植物种植

各层填料回填及管道铺设完成并验收合格后，在最上层铺设种植土，厚度 300 mm；种植菖蒲、美人蕉、香蒲等水生植物。菖蒲行距株距分别为 25 cm、20 cm；美人蕉行距株距分别为 30 cm、20 cm；香蒲行距株距分别为 30 cm、30 cm。

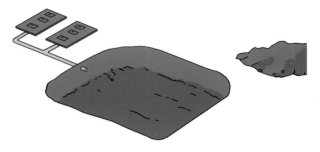

♀ 图 2.17　防渗处理

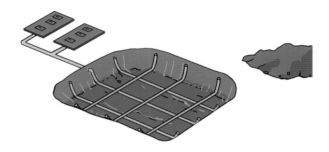

♀ 图 2.18　铺设布水管道

♀ 图 2.19　基质材料填装

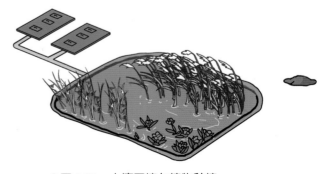

♀ 图 2.20　土壤回填与植物种植

2. 稳定塘

稳定塘是一种半人工的生态系统，通常是将土地进行适当的人工修整，建成池塘，依靠塘内生长的微生物来处理污水。稳定塘适用于中低污染物浓度的生活污水处理，尤其是有山沟、水沟、低洼地或池塘，土地面积相对充足的地区。稳定塘可分为好氧塘、兼性塘、兼氧塘和曝气塘。

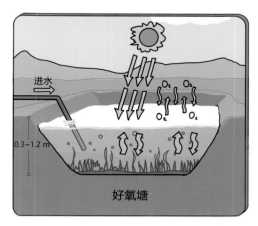
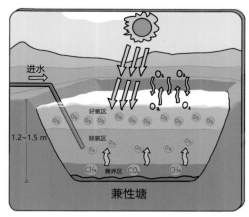
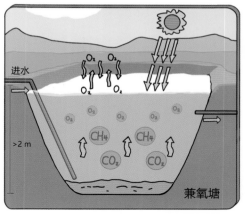
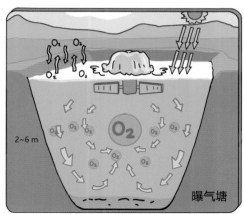

♀ 图 2.21 **稳定塘类型**

稳定塘（用废弃池塘改稳定塘）建设步骤如下：

土方挖掘→连接化粪池→防渗处理→安装设备→土壤回填与植物种植。

（1）土方挖掘

先物探，后定位，出现积水及时清排。

♀ 图 2.22 **土方挖掘**

（2）连接化粪池

连接化粪池第三格溢流管，主管采用 HDPE 双壁波纹管，承插式连接；管道埋地敷设，埋设深度不小于 0.7 m，且不低于冰冻线以下 0.15 m。

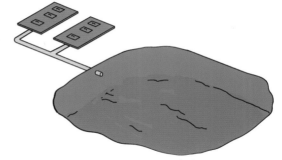

◉ 图 2.23　连接化粪池

（3）防渗处理

基础平整，洒水 3 h 后碾压，压实度不小于 95%。基层清理后铺设防渗材料，防渗材料必须有合格证、第三方检测报告、产品使用说明及防伪标志。

（4）安装设备

设备应按厂家要求安装，安装时需小心，严禁破坏防渗层及池塘体，安装后调试，调试合格后清理现场垃圾。

◉ 图 2.24　防渗处理

（5）土壤回填与植物种植

各层填料回填及管道铺设完成并验收合格后，在最上层铺设种植土，厚度 300 mm；种植美人蕉、香蒲、菖蒲等水生植物。

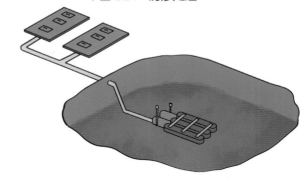

◉ 图 2.25　安装设备

3. 土壤渗滤

土壤渗滤系统是一种利用地表下层土壤中栖息的土壤动物、土壤微生物、植物根系以及土壤所具有的物理、化学特性实现污水净化的土地处理系统。污水在土壤渗滤系统中一部分被土壤介

◉ 图 2.26　土壤回填与植物种植

质截获，一部分被植物吸收，一部分被蒸发，土壤—微生物—植物系统的一系列综合作用使污水得到净化。土壤渗滤系统适用于分散的农村居民点、度假村等小规模污水处理设施，并同绿化相结合。土壤渗滤系统可以分为慢速渗滤、快速渗滤、地表漫流渗滤和地下渗滤四种类型。

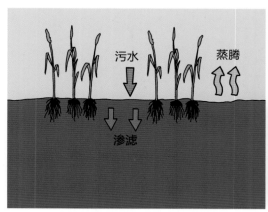

慢速渗滤系统

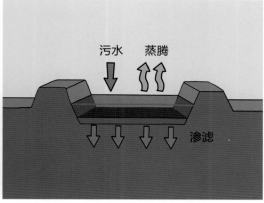

快速渗滤系统

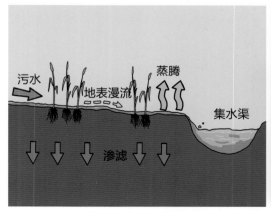

地表漫流渗滤系统

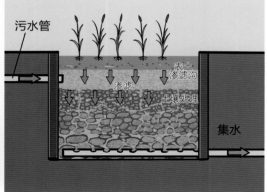

地下渗滤系统

图 2.27　土壤渗滤系统类型

（1）地下渗滤系统

地下渗滤系统是一种将污水投配到具有一定构造的土壤与混合基质组成的渗滤沟内，在土壤的毛细管作用下，污染物通过物理作用、化学作用、微生物的降解和植物的吸收利用得到处理和净化的土地处理系统。

污水

化粪池

渗滤沟

布水系统

排水区

○ 图 2.28　地下渗滤系统

（2）地下渗滤系统建设步骤

地下渗滤系统建设步骤：开挖渗滤沟→铺设砾石粗砂滤层→铺设穿孔管→铺设隔离渗滤层→种植土回填。

4. 地下渗滤系统施工步骤

1. 开挖渗滤沟

开挖宽 1 m，沟深 0.65 m 的渗滤沟，沟间中心距 1.5 m，沟长 15 ~ 20 m，土沟采用素土分层夯实。可将渗滤系统分为若干单元，每个单元分为若干组，每组设若干条渗滤沟。

原有场地

开挖渗滤沟

铺设砾石粗砂滤层

铺设穿孔管

铺设隔离渗滤层

种植土回填

图 2.29 地下渗滤系统建设步骤

2. 铺设砾石粗砂滤层

底部铺设聚氯乙烯薄膜防渗层，厚度 0.23 mm；防渗层上方铺设砾石粗砂滤层，砾石直径为 20 ~ 40 mm，粗砂粒径为 0.25 ~ 1 mm。

3. 铺设穿孔管

在沟中心位置的砂石滤层内设 DN40 ~ DN50 布水管，埋深 0.6 m，布水管沿布水方向，每隔 10 cm 设置两排左右对称的出水孔，孔径为 5 mm。

4. 铺设隔离渗滤层

在砂石滤层顶部铺设透水无纺布隔离层；隔离层上方铺设泥炭土（用原土壤掺和一定比例的泥炭和炉渣配制）渗滤层净化污水，厚度为 100 mm。

5. 种植土回填

各层填料回填及管道铺设完成并验收合格后，在最上层铺设 150 mm 种植土，农户可根据需求种植农作物。

（二）生物处理技术

1. A^2/O 法

A^2/O 指厌氧 – 缺氧 – 好氧法，适用于污水量大、水质高且波动不是很大、对氮磷去除要求高的农村生活污水处理。预处理设施包括格栅、沉淀池等。

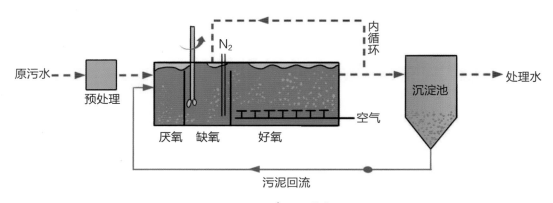

♀ 图 2.30 A^2/O 工艺流程

2.SBR

SBR 指序批式活性污泥法，集调节池、曝气池、沉淀池于一体，不需设污泥回流系统，适用于经济较发达、用地紧张、水量变化大和出水水质要求较高的中小型农村生活污水处理。

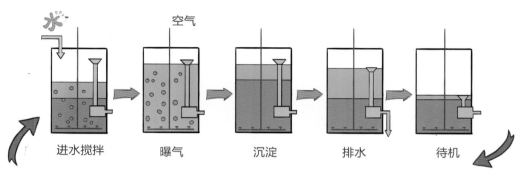

进水搅拌　　曝气　　沉淀　　排水　　待机

图 2.31　SBR 工艺流程

3. 氧化沟

氧化沟是利用封闭的环形沟渠作为生物反应池，污水和活性污泥混合液在沟中不断循环流动，实现污水净化处理。氧化沟适用于处理污染物浓度相对较高的污水，适合村落污水处理。氧化沟的形式包括 Pasveer 氧化沟、Orbal 氧化沟、Carrousel 氧化沟、一体化氧化沟等，Pasever 氧化沟和一体化氧化沟更适合农村经济状况和技术水平。

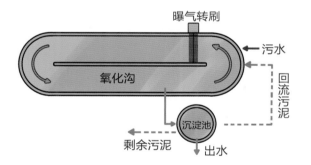

Pasveer 氧化沟

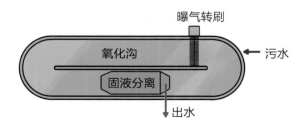

BOAT 型一体化氧化沟

图 2.32　氧化沟

4. 生物接触氧化

生物接触氧化是将微生物附着生长的填料全部淹没在污水中，并采用曝气方法向微生物提供氧化作用所需的溶解氧，同时起搅拌和混合作用，使氧气、污水和填料三者充分接触，以使填料上附着生长的微生物有效去除污水中的污染物。生物接触氧化适用于有一定经济承受能力的农村，适用于多户或集中式污水处理设施。若是单户或少数户的污水处理设施，为减少曝气耗电、降低运行成本，宜利用地形高差，通过跌水充氧完全或部分取代曝气充氧。

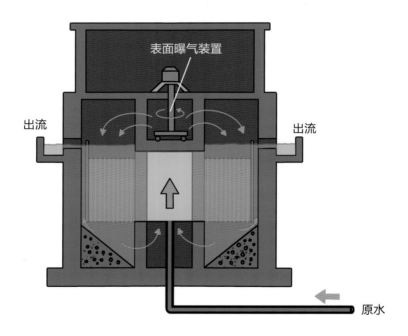

◊ 图 2.33　接触氧化池基本结构

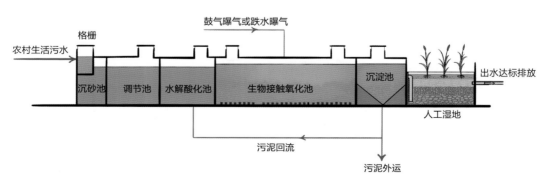

◊ 图 2.34　生物接触氧化工艺流程

5. 生物滤池

生物滤池由池体、滤料、布水装置和排水系统组成，以滤池中装填的粒状填料为载体，在滤池内部进行曝气，污水与填料表面上附着生长的微生物膜间隙接触，使污水得到净化。生物滤池适用于自然村或中小型聚居点的污水处理，尤其适合年平均气温较高、土地面积少、地形坡度大、水质水量波动大的村庄。根据重庆农村特征，生物滤池可采用模块化或标准化设计，其池形可采用圆柱形或方柱形。

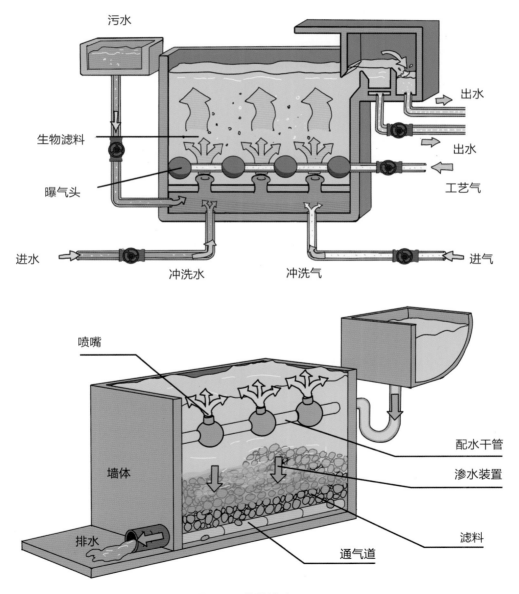

♀ 图 2.35　生物滤池

6.MBR

MBR 一体化污水处理设备是利用膜生物反应器（MBR）进行污水处理的智能化设备，不仅具有膜生物反应器的所有优点，且作为一体化设备，具有占地面积小，施工周期短、自动化程度高、出水水质好、污泥产量少等优点。MBR 适用于集中居民点或村落的污水处理。

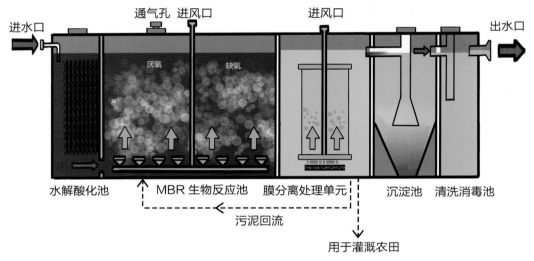

○ 图 2.36　MBR 一体化工艺流程

四 污水处理设施运行管理要求

（一）污水收集系统

定期检查污水管道、管道接口、检查井等，发现淤积或堵塞立即疏通，发现破损立即维修或更换。

图 2.37　定期检查

定期清理厨房下水道前的防堵漏斗和浴室排水毛发过滤器，避免发生堵塞。

图 2.38　定期清理

（二）污水处理设施

文明生产，安全第一，确保不发生事故，预防水质超标。

定期检查设备、培训人员，确保设施稳定运行，水质稳定达标。

优化运行管理，尽可能节省能耗，减少维修维护费用。

图 2.39　维护管理

（三）污泥处理

污泥应先进行堆肥处理，使有害物质含量低于国家现行有关标准规定后再还田利用。

污水处理过程中产生的污泥经检测符合国家现行有关标准规定的，应进行综合利用。

图 2.40　污泥堆肥处理

第三章

农村生活垃圾治理

本章以重庆农村生活垃圾分类减量和资源化利用为重点进行介绍，用于指导山区农村生活垃圾治理。

一 农村生活垃圾概述

（一）农村生活垃圾定义

农村生活垃圾是指村民日常生活中或者为农村日常生活提供服务的活动中产生的固体废物。

（二）农村生活垃圾治理特点

农村生活垃圾种类多、成分复杂、收运成本高、处理难度大。农村生活垃圾治理宜减量化、资源化、无害化，因地制宜选择治理模式，实现源头减量和就地利用。

（三）农村生活垃圾分类

1. 生活垃圾类型

农村生活垃圾分为4类，即易腐垃圾、可回收物、有害垃圾和其他垃圾。

（1）易腐垃圾

易腐垃圾是指容易腐烂变质的垃圾，主要包括菜叶菜帮、腐烂变质食品、剩饭剩菜、瓜皮果壳和枯枝败叶等。

♀ 图 3.1 **易腐垃圾**

（2）可回收物

可回收物是指可以卖给废品回收个人或单位的，经过再加工可成为生产原料或可以再利用的，具有一定经济价值的废弃物，主要包括废纸类、废塑料类、废玻璃类、废金属类、废织物类等。

○图 3.2　可回收物

（3）有害垃圾

有害垃圾是指对人体健康或自然环境造成直接或潜在危害的垃圾，主要包括废弃电池、废弃灯管、废弃温度计、农药瓶、过期药品等。

○图 3.3　有害垃圾

（4）其他垃圾

其他垃圾是指不能归入上述分类的垃圾，即除上述易腐垃圾、可回收物、有害垃圾之外的垃圾，主要包括食品袋 / 盒、塑料袋 / 膜、卫生纸、纸尿片、烟头、破碗碟等。

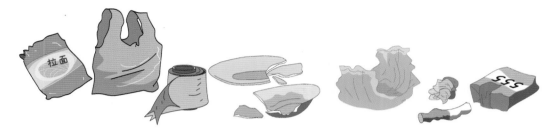

○ 图 3.4　其他垃圾

（四）农村垃圾如何分类

　　根据农村实际和简便易操作原则，采用"二次四分法"，即农户对生活垃圾按可腐烂和不可腐烂进行一次分类，并投放到对应的垃圾桶。村保洁员在农户分类的基础上进行二次分类，对不可腐烂垃圾再分成可回收垃圾（可卖钱的）、不可回收垃圾（不可卖钱的），不可回收垃圾按处理方式的不同还可以分为有害垃圾和其他垃圾。

○ 图 3.5　农村生活垃圾分类

二 易腐垃圾资源化利用

（一）易腐垃圾堆肥

堆肥是将易腐垃圾中不稳定的废弃物转化成稳定的腐殖质的过程，可减少易腐垃圾对环境的污染。堆肥后的易腐垃圾可用于改良土壤，增加土壤中的腐殖质和养分，使土质疏松，促进植物根系生长。

图 3.6　收集易腐垃圾

易腐垃圾堆肥步骤：收集易腐垃圾→就地粉碎→选择堆肥地块→调节碳氮比→添加微生物菌剂→调节水分含量→形成堆体→就地覆膜堆沤→翻堆维护。

（1）收集易腐垃圾

收集菜叶菜帮、腐烂变质食品、剩饭剩菜、瓜皮果壳和枯枝败叶等易腐垃圾。

图 3.7　就地粉碎

（2）就地粉碎

将收集的垃圾就地粉碎至 5 cm 以内（两节手关节长度），树枝等木质素较高的废弃物尽量粉碎到 2 cm 以内。

（3）选择堆肥地块

堆肥场地应尽量选择相对平坦的非洼地，防止雨季雨水流入，影响堆肥进程。

图 3.8　选择堆肥地块

图 3.9 调节碳氮比

（4）调节碳氮比

易腐垃圾等与粪便重量比约为 1 : 2，无粪便时可添加其重量 1% 的尿素，即每立方堆肥物添加 6 kg 尿素。

（5）添加微生物菌剂

为缩短好氧堆肥周期，需添加微生物菌剂，市面上合格的微生物菌剂都可按说明添加使用。

图 3.10 添加微生物菌剂

（6）调节水分含量

调节水分含量至 50%~65%，即紧握成团不滴水，落地可散开，水分含量过低可添加水，水分含量过高可添加粉碎后的发酵物。

（7）形成堆体

一般堆体以宽 1.5 m、高 1 m 为宜，长度视堆肥原料多少而定。

图 3.11 调节水分含量

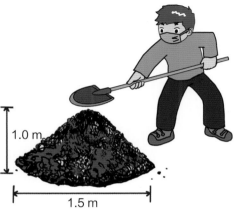

1.0 m

1.5 m

图 3.12 形成堆体

（8）就地覆膜堆沤

在堆体表面覆盖PTFE（聚四氟乙烯）复合膜（纳米膜）进行堆沤，起到保温防水的作用，氧气等小分子气体可通过膜进入堆体，大分子气体不能从堆体出来进入空气，堆肥过程无异味，发酵效果更好，若无发酵膜，可用塑料薄膜代替。

○ 图 3.13　就地覆膜堆沤

（9）翻堆维护

一般2~3天后，堆体温度上升至45~65℃（手摸有些许烫手），保持3~5天，即7天后开展堆体翻堆，翻堆后再次升温至50℃（手摸温热）左右，维持5~7天，翻堆后除遮雨可不再覆膜，持续堆沤两周后堆肥完成，生成初级有机肥，可还田利用，整个堆肥周期30天左右。

○ 图 3.14　翻堆维护

注意事项：

为保证整个发酵过程顺利开展，要求在调节碳氮比、添加微生物菌剂、调节水分含量后将发酵物料充分混匀，然后覆膜堆沤。

（二）旋转堆肥箱

1. 旋转堆肥箱简介

针对农户庭院有机废弃物堆沤循环利用的需求，重庆市农业科学院创新研制了具有保温功能的八边形可移动式旋转堆肥箱，其具有低能耗、便于移动、无明显恶臭、堆肥周期短等特点，可将餐厨垃圾、尾菜、农作物秸秆、畜禽粪便等多种有机废弃物堆肥发酵后生产成有机肥，用于作物种植。

设计说明与参数：

分左右两仓，容积分别为 30 L；（容积大小可根据需求定做，造型可定做）

仓体设排污口、连接球阀，以便排出渗滤液；

八边形设计，有利于箱体旋转时仓内物料混匀；

箱体两端安装球轴承，减轻箱体翻转用力；

支架底部安装万向轮（可无），方便移动；

设有 6 mm 厚保温层，有利于箱体保温；

堆肥原料：秸秆、杂草、畜禽粪便等；

堆肥周期：10~15 天。

♀ 图 3.15　旋转堆肥箱

2. 旋转堆肥箱堆肥

旋转堆肥箱堆肥步骤：收集生产生活有机垃圾→调节碳氮比→调节水分含量→添加微生物菌剂→旋转混匀→关闭发酵仓→发酵完成。

（1）收集生产生活有机垃圾

收集剩饭、剩菜、秸秆、尾菜、果皮、畜禽粪便等有机垃圾。

♀ 图 3.16　收集生产生活有机垃圾

（2）调节碳氮比

厨余垃圾、秸秆和粪便重量比约为 1:2，无粪便时可添加 1% 的尿素。

（3）调节水分含量

调节水分含量至 50%~65%，即手紧握不滴水，落地会散开。水分含量低可添加水或者粪水，水分含量高可添加锯末、糠壳等。

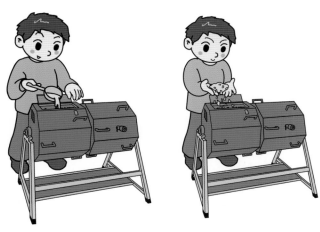

♀ 图 3.17　调节碳氮比　　　　　　　♀ 图 3.18　调节水分含量

（4）添加微生物菌剂

为缩短好氧堆肥周期，需添加微生物菌剂，市面上合格的微生物菌剂都可按说明添加使用。

（5）旋转混匀

手握堆肥箱手柄，轻轻摇动 2~3 圈。

（6）关闭发酵仓

关闭仓门，发酵 10~15 天。

发酵后的堆肥可作为养殖蚯蚓的饲料，蚯蚓排出的粪便是高品质有机肥，可用于高价值作物种植、水产养殖、花卉栽培等。而蚯蚓本身也是较好的喂养鸡、鱼的高蛋白饲料。

♀ 图 3.19　添加微生物菌剂

图 3.20 旋转混匀

发酵 10~15 天

图 3.21 关闭发酵仓

注意事项：

（1）一般 2~3 天后，堆体温度上升至 55~70 ℃（不同菌剂，升温效果有差异）；

（2）高温保持 3~5 天，旋转箱体进行二次腐熟；

（3）再次升温至 50 ℃左右，高温维持 5~7 天即可；

（4）清理堆肥箱时，留下 10% 堆肥作为"菌种"。

（三）蚯蚓过腹还田

1. 什么是蚯蚓过腹还田？

蚯蚓过腹还田是将畜禽粪便、作物秸秆、蔬菜尾菜等有机废弃物，按一定比例混合、高温发酵与处理，通过蚯蚓过腹消化后产生动物蛋白和生物有机肥还田，实现有机废弃物的无害化及资源化。

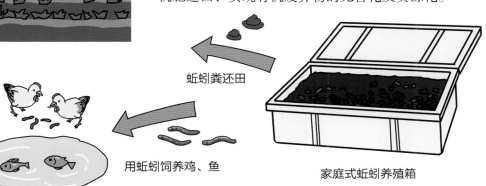

蚯蚓粪还田

用蚯蚓饲养鸡、鱼

家庭式蚯蚓养殖箱

图 3.22 用蚯蚓过腹还田

2. 蚯蚓过腹还田的好处

蚯蚓粪肥可用于高价值作物种植、水产养殖、花卉栽培等，蚯蚓本身也是较好的喂养鸡、鱼的高蛋白饲料。蚯蚓过腹还田模式具有无污染、绿色生态的优点，可有效降低农业废弃物堆肥过程中氮素损失和减少温室气体排放量，具有很好的推广应用前景。

3. 蚯蚓过腹还田步骤

蚯蚓过腹还田的步骤为：堆肥并发酵腐熟→投放基料及蚯蚓→控制温湿度→再次投放基料→收获蚯蚓 / 蚯蚓粪肥。

（1）堆肥并发酵腐熟

收集农作物秸秆及尾菜等并做粉碎等预处理，与畜禽粪便混合并发酵腐熟（参照易腐垃圾堆肥步骤）。

♀ 图 3.23　**堆肥并发酵腐熟**

（2）投放基料及蚯蚓

将腐熟后的物料投入蚯蚓床中作为基料，基料厚度控制在 10~30 cm，投放蚯蚓品种可为赤子爱胜蚓（大平二号、大平三号），投放密度为 1.0 万 ~1.5 万条 / 立方米。

♀ 图 3.24　**投放基料及蚯蚓**

（3）控制温湿度

蚯蚓床的温度控制在 15~25℃，pH控制在 8~9 ，C/N 控制在（14~35）：1。在蚯蚓孵化期，相对湿度宜保持在55%~65%，生长发育期的相对湿度宜保持在 60%~80%。

（4）再次投放基料

当发现有蚯蚓爬出基料时表明需要重新投放新的基料。可在原基料上重新铺放新基料，厚度为 10~30 cm；也可以

♀ 图 3.25　**控制温湿度**

○ 图 3.26　再次投放基料

○ 图 3.27　收获蚯蚓 / 蚯蚓粪肥

在原料旁边投放新基料，待蚯蚓全部爬入新基料后清除原基料即可。

（5）收获蚯蚓 / 蚯蚓粪肥

收获的蚯蚓粪肥用于还田，收获的蚯蚓用于垂钓、饲养鸡鸭等。

注意事项：

农作物秸秆及尾菜中不要混入大量水葫芦和辣椒。不要将各种塑料制品、矿物质（机械用油、砖瓦石块、石灰等）、高酸、高盐、高碱及含有松香的物质（如松树、柏树的枯枝落叶）混入蚯蚓饲料中。

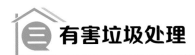
三 有害垃圾处理

需要对农村生活中有害垃圾进行特殊的安全处理，先将其存放在小盒中，装满时统一送到有害垃圾回收点。

对于有机物含量大的有害垃圾，如化妆品的包装物、有机溶剂的包装物、油漆、废旧药品、杀虫剂、胶片、相纸等，通过高温焚烧进行无害化及减量化处理，对烧后的残渣再次进行固化填埋，焚烧气体经净化后方可排放。

对重金属含量大的有害垃圾，如废电池、血压计、温度计和荧光灯管进行固化填埋，将有害垃圾和水泥、沙子搅拌，凝固形成固化块，分区分类别地在填埋场进行填埋。

图 3.28　有害垃圾处理

生活垃圾变废为宝

在宜居宜业和美乡村建设中，探索多元化的农村垃圾回收利用方式符合农村特点、符合生态循环规律和经济可持续发展要求。灰土垃圾、有机垃圾约占农村生活垃圾总量的90%以上，如采取将这两类垃圾收集后转运到垃圾处理厂的方式处理，处理成本较高，如果在源头将这些生活垃圾分类并进行有效利用，不仅可以节约大量的运输费用，还可以将生活垃圾转化为有用物质、能源、工艺品等有价值的物品。生活垃圾就是放错地方的宝贝。

1. 废旧建筑材料资源化利用

在人居环境整治过程中拆除的旧砖、旧瓦、旧石板等材料可以回收后进行资源化利用。

回收利用方式：（1）通过重新组合、拼贴等方式直接利用，可以作为路面铺装，也可以制作成景观、园林小品、雕塑装置等景观装饰物；（2）回收后用于古建筑的修复或复建；（3）破碎后生产成粗细骨料，可用于生产地砖、墙砖、墙板等新型建材。

旧砖旧瓦

道路铺装

图 3.29 废旧建筑材料资源化利用

2. 废旧农耕工具资源化利用

农耕工具记录了农业历史的变迁和农业生产技术的进步，探索农耕工具多元化的利用方式，可以保护和传承巴渝传统农耕文明。

回收利用方式：（1）收集后存放于农耕博物馆；（2）建设乡村工坊供游客体验；（3）制作成园林小品、景观雕塑等创意装饰物。

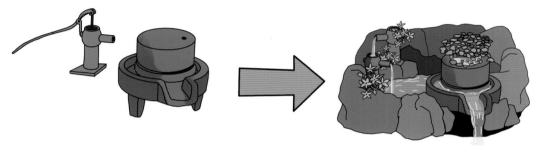

废弃农耕工具   景观小品

♀ 图 3.30　废旧农耕工具资源化利用

3. 生活垃圾资源化利用

家里的旧衣物、易拉罐等生活垃圾不仅可以再利用，还可以在生活中发挥出更多的价值。

回收利用方式：（1）制作庭院及室内装饰品；（2）送到废品回收站回收。

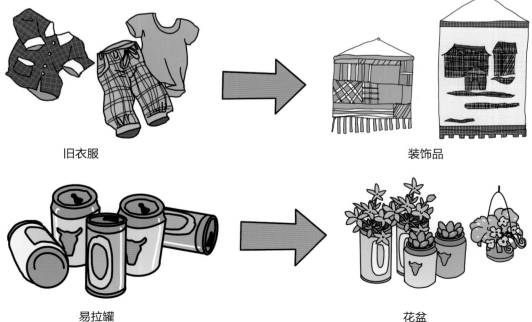

旧衣服   装饰品

易拉罐   花盆

♀ 图 3.31　生活垃圾资源化利用

4. 厨余垃圾资源化利用

我国南方地区的农村生活垃圾以"厨余垃圾"为主，占总量的40%。在收集转运过程中，厨余垃圾容易产生异味，而且乡村运输距离长，处理成本相对较高。因此，鼓励农户根据当地生活习惯采用简便易行的方式分类，推进厨余垃圾就地就近资源化利用尤为重要。

回收利用方式：收集厨余垃圾并堆肥后，可用来养殖蚯蚓，生产出的有机肥可以用于改良土壤。

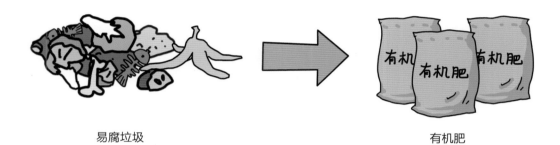

易腐垃圾　　　　　　　　　　　　　　　　　　　有机肥

○ 图 3.32　厨余垃圾资源化利用

第四章

村容村貌

本章重点对巴渝民居改造及庭院
景观生态循环模式进行介绍，用于提
升山区农村民居品质、院落颜值和村
落价值。

 村容村貌概述

（一）村容村貌定义

村容村貌即承载农村生产、生活、文化等信息的物质空间系统的外在表现形式，是与村庄相关的山、水、林、田、湖、草，以及建筑、道路、公共设施等生产、生活及民俗文化场景有机整体的综合体现。

（二）巴渝民居整体特征

受独特自然地理及人文环境影响，巴渝民居呈现出典型的布局分散、层次丰富，风貌质朴、类型多样、随坡就势、依山而筑的山地特征。

◎ 图 4.1　重庆具有山地特征的村容村貌

1. 布局分散，层次丰富

巴渝民居布局相对分散、平面变化有序、内外环境交融、空间层次丰富。住宅平面常常以山地地形为基础，呈"L"形或"一"字形布局，形成居住群落。

2. 风貌质朴，类型多样

小青瓦、坡屋顶、白粉墙、雕花窗、转角楼、三合院是巴渝民居的风貌特色。巴渝民居的结构类型以现代民居为主，砖木、砖石、混合、木结构、夯土等结构在不同地域并存。

♀ 图 4.2　巴渝民居布局特征

♀ 图 4.3　巴渝民居风貌特征

3. 随坡就势，依山而筑

　　巴渝民居构筑形式和谐而严谨、灵活而多变，与地形结合形成了多种构造方式，包括台、吊、坡、拖、梭、靠、跨、架、错、分、合、挑等多种建筑手法。

筑台式　　　　　　　　　　　　　　　吊脚式

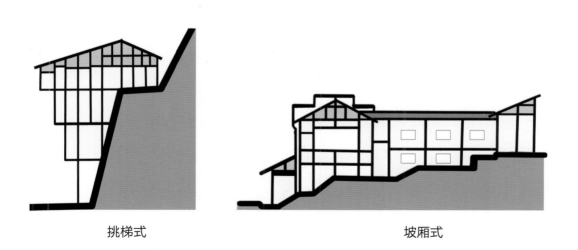

挑梯式　　　　　　　　　　　　　　　坡厢式

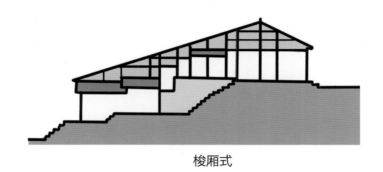

梭厢式

📍图 4.4　巴渝民居地形特征

（三）巴渝民居色彩特征

建筑外观色彩以白色、灰色、黄色、蓝色系为主，与周围生态环境融合。

图 4.5　巴渝民居色彩特征

（四）巴渝民居常用材料

建筑材料——以小青瓦、白粉墙、条石、青砖、石基、木格窗等为主。

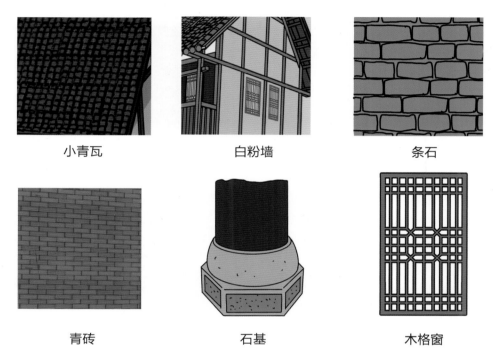

小青瓦　　　　　　　　白粉墙　　　　　　　　条石

青砖　　　　　　　　　石基　　　　　　　　　木格窗

○ 图 4.6　巴渝民居典型材料

○ 图 4.7　巴渝民居

（五）巴渝民居分类

巴渝民居根植于巴渝自然与人文，以巴渝传统民居风格为基础，在历史发展过程中融入了新的结构、材料以及装饰符号等要素，展示了巴渝民居独特的个性与共性。按照时间顺序，巴渝民居可分为传统巴渝民居和现代巴渝民居。按照建筑结构、建筑材料、装饰符号等建筑属性特征，传统巴渝民居的结构主要有木结构、夯土、砖石、混合（砖石土木）等类型。

1. 现代巴渝民居

现代巴渝民居多为2~3层砖混结构，一般庭院布置在前，一层设置堂屋，房屋周边布置柴房、圈舍等，继承传统山地建筑特点且符合农村当下生活习惯。此类型的房屋约占重庆农村民居数量的80%以上，是最常见的农村民居形式之一，在重庆各个地区均有分布。

优点

（1）建筑成本低，工艺简单；

（2）保温隔热性能好，抗震节材；

（3）空间分隔灵活。

缺点 缺少对传统文化的传承。

图 4.8　现代巴渝民居

2. 木结构民居

巴渝传统木结构民居包括穿斗式、抬梁式、抬梁－穿斗混合式以及井干式4种形式。穿斗式木结构是重庆农村地区普遍使用的结构形式。

优点

（1）节能：木头是可以良性循环的建筑材料，也是绿化空气及防止灰尘的天然屏障；

（2）安全：木材本身重量较轻，其结构的交错连接及荷载分化，能让其不易断裂。

缺点

（1）维持时间短：木结构建筑易遭受火灾、白蚁侵蚀、雨水腐蚀，与砖石材料相比维持时间相对较短；

（2）结构的局限性：受建筑材料长度等限制，梁架体系较难实现复杂的建筑空间。

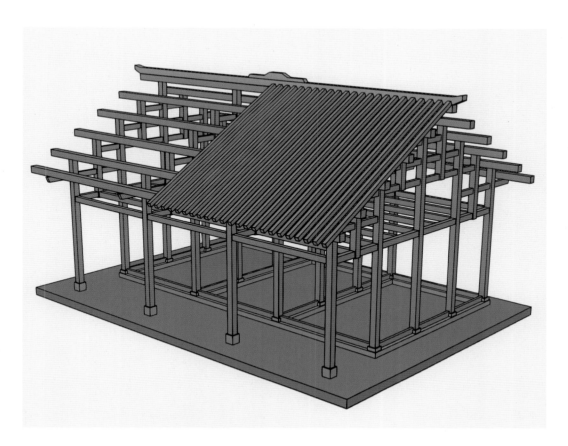

图 4.9　传统木结构示意图

黔江、武隆、彭水、石柱、酉阳、秀山等渝东南地区，地貌以中山、丘陵为主，是以土家族和苗族为主的少数民族聚居地。在过去，传统木结构建筑是主要建筑形式。目前，该地区现存的木结构农村民居较多且保存完好，穿斗式木板壁、走马转角楼等是其建筑的主要特色。

3. 夯土民居

夯土建筑是指主要以未焙烧且仅做简单加工的原状土为材料营造主体结构的建筑，一般地，土墙既是围护结构，又是承重结构。

巴渝夯土建筑历史久远，应用广泛，在奉节、巫山、巫溪等渝东北地区，仍然留存着部分夯土建筑。

优点

（1）建筑与环境完美融合，有利于环境保护和生态平衡；

（2）拆除重建后可以循环使用；

（3）夯土隔热效果较好、导热系数较低，储热能力较强；

（4）造价低廉，易于施工，便于就地取材。

缺点

（1）材料用料多，自重大；

（2）抗震性能和耐久性差；最大的缺点是强度不够高，在遭遇大雨或洪水时容易崩塌，容易影响耐久性。

◉ 图 4.10　传统夯土民居

4. 砖石民居

用砖、石建造的建筑统称为砖石建筑。砖石既作为承重结构，又是房屋的围护结构。在重庆地区砖石民居主要包括砖砌体结构和石砌体结构。

砖石砌体建筑是最古老的建筑结构之一，具有悠久的历史，在重庆各个地区均有分布。

优点

（1）砖石为地方材料，来源广，可就地取材；

（2）砖石材料化学性能稳定，耐火性和耐久性好；

（3）砌筑时不要模板和特殊的施工设备，施工简便；

（4）隔热、保温效果好。

缺点

（1）砖石砌体的强度低，构件的截面、体积、自重较大；

（2）抗震性能差，在地震区使用受到一定限制。

📍 图 4.11　传统砖石民居

5. 混合（砖石土木）民居

混合结构民居是指承重的主要构件是由两种或两种以上的建筑材料建造的民居。重庆地区的混合民居常用于丘陵山区，主要包括土木、砖木、石木、土石、砖石、砖石木、土石木等类型。

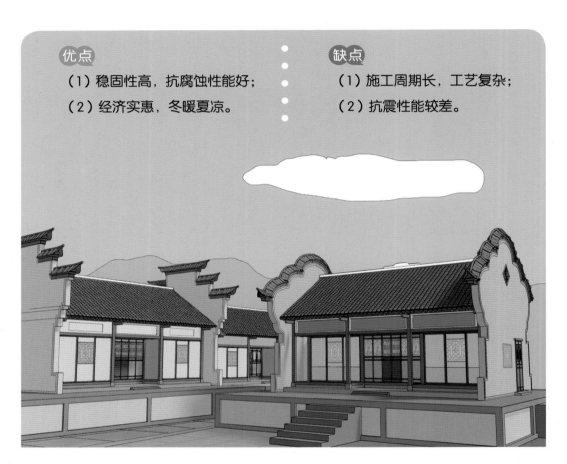

优点

（1）稳固性高，抗腐蚀性能好；

（2）经济实惠，冬暖夏凉。

缺点

（1）施工周期长，工艺复杂；

（2）抗震性能较差。

◎ 图 4.12　传统混合民居

 农村民居改造

（一）巴渝农村民居改造分类标准

根据农户所处的区域环境，并结合农户现有房屋的建筑条件、使用需求等情况，将农村民居改造分为 3 类，即安居型、宜居型、乐居型。

1. 安居型：基本保护修缮

在预算较少的情况下，解决村民建筑的安全问题、基本居住及生活设施问题。

2. 宜居型：提升居住舒适度

在解决村民居住的基本问题的基础上，提升居住舒适度。

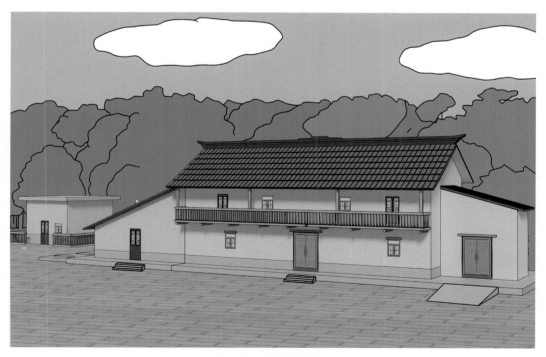

9 图 4.13　安居型民居

3. 乐居型：功能置换，营造新风貌

对于已具有较好居住条件的农村民居，将外立面在传统风貌的基础上进行改造提升，融入乡村旅游功能，营造出新的乡村风貌。

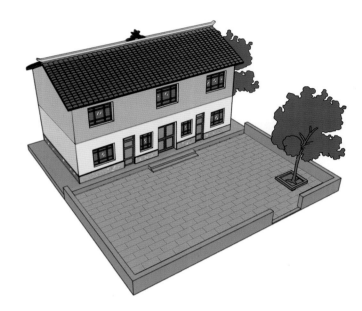

图 4.14　宜居型民居

图 4.15　乐居型民居

（二）巴渝民居改造重点内容

巴渝民居改造包括屋面修缮、结构修缮、墙体修缮、门窗修缮、排水优化、管线优化、厕所改造、厨房改造、圈舍改造、庭院整治、室内装修、经营设施 12 项重点内容。

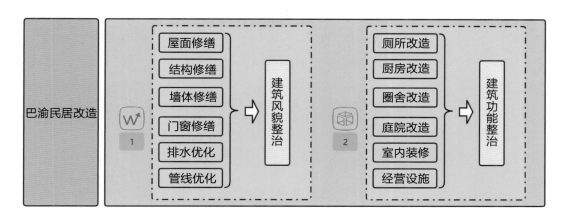

9 图 4.16　改造重点内容

按照安居型、宜居型、乐居型 3 种民居改造分类标准，结合民居改造 12 项重点内容，推荐如下民居改造分类整治项目清单。

表 4.1　民居改造分类整治项目推荐表

序号	分类名称	修缮、改造、建设内容											
		屋面修缮	结构修缮	墙体修缮	门窗修缮	排水优化	管线优化	厕所改造	厨房改造	圈舍改造	庭院改造	室内装修	经营设施
1	安居型	√	√	√	√	√	√	√					
2	宜居型	√	√	√	√	√	√	√	√	√	√		
3	乐居型	√	√	√	√	√	√	√	√	√	√	√	适当配置

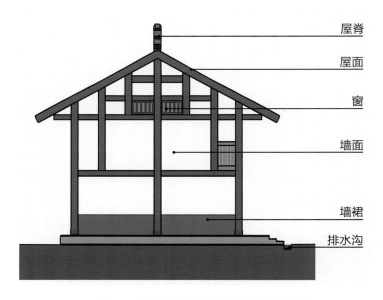

屋脊

屋面

窗

墙面

墙裙

排水沟

图 4.17　巴渝民居风貌整治重点部位示意

（三）巴渝民居常规改造技术

1. 屋面施工技术要点

（1）小青瓦施工技术要点

调整／修缮屋架结构，调整檩条的平整度、方正度，使其达到技术要求；
新增木望板并铺设防水（垫）层；

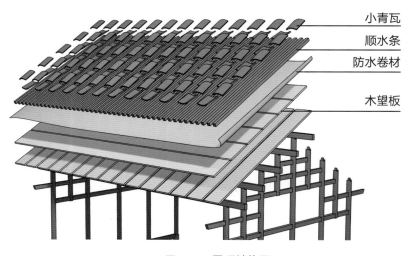

小青瓦

顺水条

防水卷材

木望板

图 4.18　屋顶结构图

放线铺设压毡条（顺水条）；

卧浆或冷铺小青瓦，小青瓦搭接方式为搭七露三。

注：用于民居屋顶换瓦修缮。

（2）屋脊施工技术要点

①盖瓦式：底层单层瓦平铺（两块小青瓦接头重合），上层三块小青瓦（前、后、上）三面交错平铺，沿屋脊方向铺盖（高度根据造型需求定），内填防水砂浆（或沥青）；

②立瓦式：底层单层瓦平铺（两块小青瓦接头重合），上层用小青瓦垂直于底层盖瓦，沿屋脊方向立盖（常规是一块小青瓦的高度），用防水砂浆（或沥青）砌筑；

③坐脊：底层用砂浆平整，平铺 2~4 根纵向受力的钢筋，上层用混凝土浇筑。

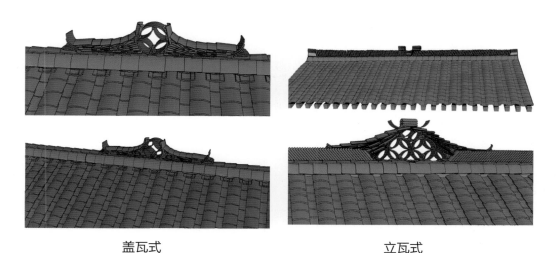

盖瓦式　　　　　　　　　　　　　　　立瓦式

◊ 图 4.19　屋脊施工要点

（3）飞檐施工技术要点

屋脊端头构造的常规做法：小青瓦堆砌成型；采用成品混凝土（或石材、防腐木等材料）吻角等。

◊ 图 4.20　飞檐施工要点

2. 墙面修缮技术要点

（1）墙面涂料施工技术要点

①现有涂料剔除，基层按需修补，霉点区域按需治理并充分干燥；

②砌体裂缝、空鼓墙体按需修缮、修补；

③基层清理，用 12 mm 厚 1∶3 水泥砂浆打底（两次成活，扫毛或划出纹道）；

④用 6 mm 厚 1∶2.5 水泥砂浆找平；

⑤刷（喷）环保绿色耐脏外墙涂料面层两遍；

⑥喷甲基硅醇钠憎水剂。

基层清理

墙体修补

水泥砂浆打底

水泥砂浆找平

刷外墙涂料

喷甲基硅醇钠憎水剂

○ 图 4.21　墙面涂料施工步骤

（2）墙面贴砖施工技术要点

①现有饰面层剔除，基层清理（按需治理空鼓、返碱、漏水等问题）；

②按需修补基层（用4 mm厚1：3防水砂浆打底，两次成活，扫毛或划出纹道）；

③用8 mm厚1：0.15：2水泥石灰砂浆打底（内掺建筑胶或专业黏合剂）；

④贴外墙砖，用1：1防水砂浆勾缝（按需提前布砖）；

⑤清理完成。

说明：仅可用于民宅底层墙面做仿古砖墙或原墙面砖修缮，改造时不建议大面积选用。

清理基层

修补基层

抹水泥砂浆

贴砖勾缝

完成清理

♀ 图4.22　墙面贴砖施工步骤

3. 结构（木）修缮技术要点

对于建筑质量较好的木结构民居修缮，主要以养护、维修和更换为主，本书重点针对裂缝、糟朽、虫蛀等常见破坏形式的整修加固和修缮技术进行简要介绍。（不含大木做的落架大修、构架更换、支顶拨正等修缮内容）

（1）墩接柱脚技术

当木柱柱脚糟朽严重，但未超过 1/4 时，可采用此方法进行修缮。将柱子糟朽部分截掉，换上新料，在新旧木料结合处以榫卯进行连接，然后在修复处加 2 ~ 3 道铁箍。

截除糟朽部分

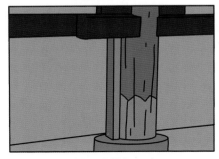

榫卯连接新旧木

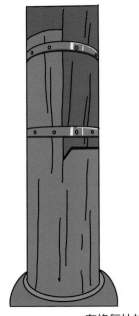

在修复处加铁箍

○图 4.23　**柱脚墩接示意**

（2）裂缝嵌补技术

当梁、柱等木构件的干缩裂缝深度不超过构件或该方向截面尺寸 1/3 时，可采用嵌补法修缮。当裂缝宽度不大于 3 mm 时，用泥子把缝隙勾抹严实；当裂缝宽度在 3~30 mm 时，可用木条嵌补，并用胶黏剂粘牢；当裂缝宽度大于 30 mm 时，除用木条补严粘牢外，还需在修复处加 2~3 道铁箍。

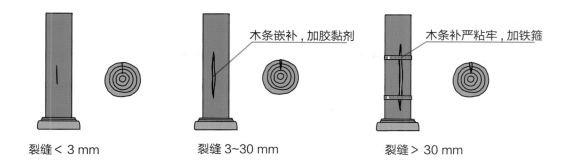

裂缝 < 3 mm　　　　　　　裂缝 3~30 mm　　　　　　　裂缝 > 30 mm

○图 4.24　**裂缝嵌补示意**

（3）灌浆加固技术

若木柱内部腐朽、蛀空，但表层的完好厚度不小于 50 mm 时，可采用灌浆加固修复。需从柱一侧开槽，清除空洞中已被蛀蚀的木材，并喷洒如氯丹等杀虫剂，后用木条嵌补开槽的缺口并留灌浆口，灌入高分子浆液固化。高分子浆液可用环氧树脂（添加糠醛树脂改性剂）。

○图 4.25　**灌浆加固示意**

（4）榫卯节点加固技术

现代木结构加固技术中，常采用 U 形件、T 形件、L 形件、铰链、镀锌铁条等材料对榫卯节点进行加固。现代加固技术可以提高木结构节点的承载力和刚度，限制榫卯节点在地震等外力作用下发生脱榫现象。

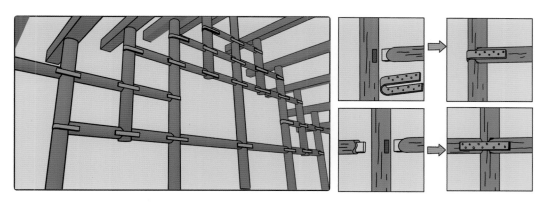

○图 4.26　**榫卯节点加固示意**

4. 门窗修缮（更换）技术要点

对于有传统工艺特色的门窗，按需对坏损的构件、玻璃等进行更换或加固，传统村落、历史风貌区等范围内的建筑门窗需按原样进行仿制以保存当地特色。

新建房屋及旧屋门窗破损的，可以根据情况将门窗升级改造为现代平开或推拉窗，必要时可按原有样式用新材料进行翻新。

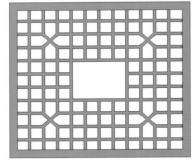

○ 图 4.27　**传统门窗**

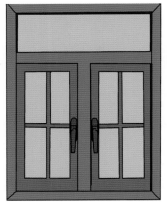
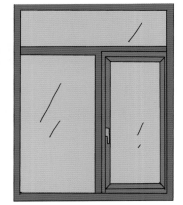

○ 图 4.28　**现代门窗**

5. 排水沟优化技术要点

建筑首层外墙四周场地有条件的，宜做混凝土散水及砖砌排水沟。

建筑首层外墙四周已硬化且场地受限时，可结合现有场地做排水浅沟组织排水，有利于雨水迅速排走。

♀ 图 4.29 　排水沟示意图

（四）巴渝民居改造典型案例

1. 现代民居改造案例

（1）安居型现代民居改造案例

整治类别	建筑材质	整治内容	适用范围
安居型	框架：砖混结构 墙体：砖混结构，外敷白粉 屋顶：小青瓦 基础：水泥基础	屋面修缮 墙面修缮 门窗修缮 排水优化	民居基础改造

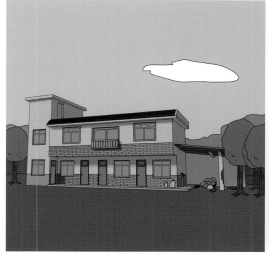

改造前　　　　　　　　　　　　　　改造后

♀ 图 4.30 　安居型现代民居改造案例

（2）乐居型现代民居改造案例

整治类别	建筑材质	整治内容	适用范围
乐居型	框架：砖混结构 墙体：砖混结构，外敷白粉 屋顶：小青瓦 基础：水泥基础	屋面修缮 墙面修缮 门窗修缮 排水优化 室内装修 庭院改造 厕所改造 厨房改造	乡村旅游景区

改造前

改造后

📍 图 4.31 　乐居型现代民居改造案例

2. 木结构民居改造案例

（1）宜居型木结构民居改造案例

整治类别	建筑材质	整治内容	适用范围
宜居型	框架：木结构 墙体：木结构，部分外敷白粉，部分清洗 修缮屋顶：小青瓦 基础：条石基础	屋面修缮 墙面修缮 结构优化 门窗修缮 排水优化 厕所改造	传统村落修复 房屋基础改造

改造前

改造后

♀ 图 4.32　宜居型木结构民居改造案例

（2）乐居型木结构民居改造案例

整治类别	建筑材质	整治内容	适用范围
乐居型	框架：木结构 墙体：木结构墙板清洗、更换 门窗：木质门窗 屋顶：小青瓦 基础：条石基础	屋面修缮　墙面修缮 门窗修缮　结构修缮 排水优化　管线优化 厕所改造　厨房改造 圈舍改造　室内装修 经营设施	传统村落保护 乡村旅游景点

改造前

改造后

◉ 图 4.33　乐居型木结构民居改造案例

3. 夯土民居改造案例

（1）安居型夯土民居改造案例

整治类别	建筑材质	整治内容	适用范围
安居型	框架：夯土结构 墙体：生土 屋顶：小青瓦 基础：原石基础	屋面修缮 墙面修缮 结构加固 排水优化 管线优化 厕所改造	传统村落修复 房屋基础改造

改造前

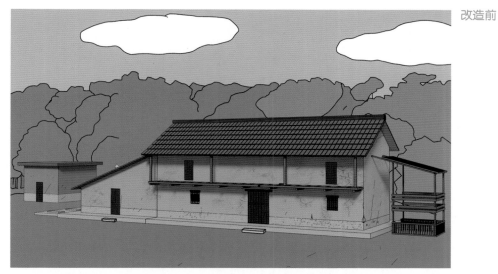

改造后

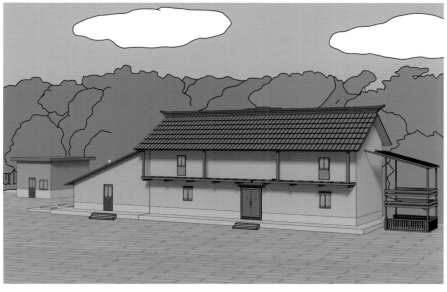

○ 图 4.34　安居型夯土民居改造案例

（2）乐居型夯土民居改造案例

整治类别	建筑材质	整治内容	适用范围
乐居型	框架：夯土结构 墙体：夯土涂料、青砖贴面 屋顶：小青瓦 基础：原条石基础	屋面修缮　墙面修缮 门窗修缮　结构修缮 排水优化　管线优化 厕所改造　厨房改造 圈舍改造　室内装修 经营设施	传统村落修复 乡村旅游景区

改造前

改造后

🅟 图 4.35　乐居型夯土民居改造案例

4. 砖石民居改造案例

（1）安居型砖石民居改造案例

整治类别	建筑材质	整治内容	适用范围
安居型	框架：砖石结构 墙体：砖石结构，部分外敷白粉，增加墙裙 门窗：木质门窗 屋顶：小青瓦 基础：水泥基础	屋面修缮 墙面修缮 门窗修缮 排水优化 管线优化 厕所改造	农房基础改造 传统村落保护

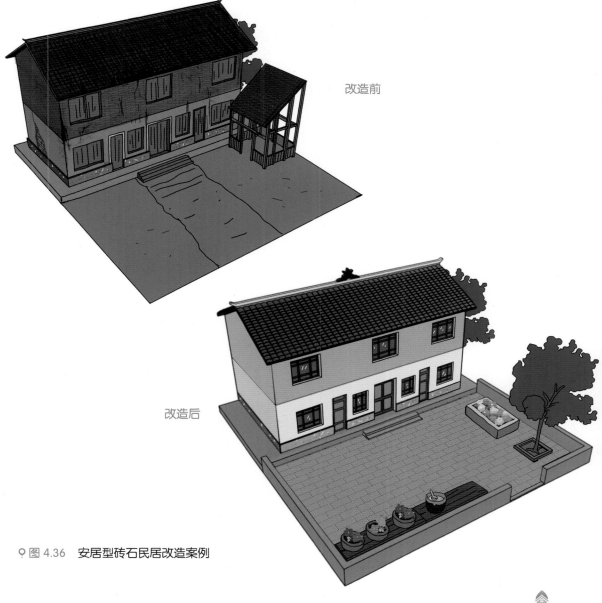

改造前

改造后

● 图 4.36　安居型砖石民居改造案例

（2）宜居型砖石民居改造案例

整治类别	建筑材质	整治内容		适用范围
宜居型	框架：砖木结构 墙体：砖石结构，部分外敷白粉，部分清洗修缮 屋顶：小青瓦 基础：条石基础	屋面修缮 结构优化 排水优化 圈舍改造	墙面修缮 门窗修缮 厕所改造 庭院改造	乡村旅游景区 传统村落修复

改造前

改造后

图 4.37　宜居型砖石民居改造案例

4. 混合结构（砖石木）民居改造案例

（1）宜居型砖石民居改造案例

整治类别	建筑材质	整治内容	适用范围
宜居型	框架：砖木结构 墙体：砖石结构，部分外敷白粉，部分清洗修缮 屋顶：小青瓦 基础：条石基础	屋面修缮　墙面修缮 结构优化　门窗修缮 排水优化　厕所改造 圈舍改造　庭院改造	农房基础改造 传统村落保护

改造前

改造后

图 4.38　宜居型砖石民居改造案例

（2）乐居型砖石民居改造案例

整治类别	建筑材质	整治内容	适用范围
乐居型	框架：砖石木结构 墙体：砖石木结构，部分外敷白粉，部分清洗修缮 屋顶：小青瓦 基础：条石基础	屋面修缮　墙面修缮 结构优化　门窗修缮 排水优化　厕所改造 厨房改造　室内装修 庭院改造	乡村旅游景区 传统村落修复

改造前

改造后

图 4.39　乐居型砖石民居改造案例

三　农村庭院景观

（一）庭院景观生态循环模式

庭院景观生态循环模式以农户庭院的物质能源循环利用为核心，将家禽养殖、景观/生产种植与厕所、污水及垃圾治理相结合，实现生产生活废弃物的资源化利用；通过产业发展、农民生活与环境改善同步推进，构建"生产、生活、生态"三生同步，"农村厕所粪污、生活污水、生活垃圾"三污共治的庭院景观生态循环利用模式。

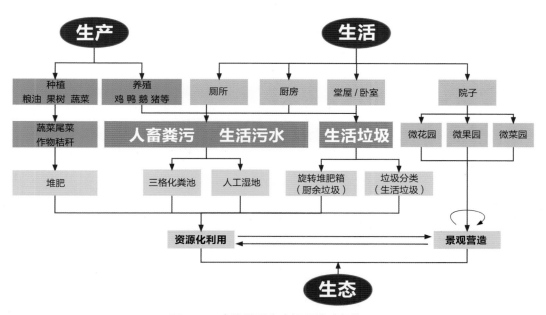

♀图 4.40　庭院景观生态循环模式架构图

（二）农家庭院景观营造

农家庭院是农民日常生活、娱乐、生产、社会交往的重要空间，也是乡村农耕文化的重要载体，营造农家庭院景观更是农村人居环境整治的重要内容。把人居环境整治与产业发展相结合，鼓励农民利用自己房前屋后的庭院空间、闲散用地及水塘沟渠等种植观赏兼食用的农作物，建设微花园、微菜园、微果园，发展庭院经济，营造庭院景观，实现环境美化与农民增收并行。

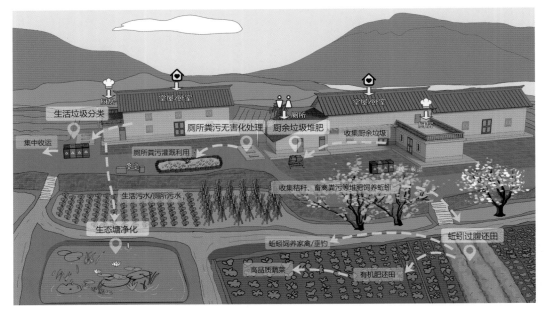

◊ 图 4.41　庭院景观循环利用模式图

1. 微花园

农家庭院微花园宜选择容易种植、管理粗放型的乡土花卉，如蜡梅、蔷薇、凤仙花、三角梅、迎春花等。

◊ 图 4.42　微花园

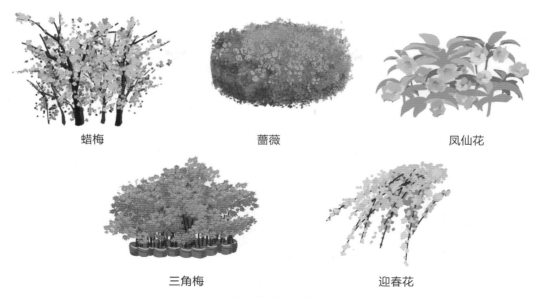

蜡梅　　　　　　　　　蔷薇　　　　　　　　　凤仙花

三角梅　　　　　　　　　迎春花

图 4.43　重庆农村地区常用花卉

2. 微果园

农家庭院微果园宜选择易管护、寓意好、效益高的果树品种，如樱桃、桃、葡萄、柑橘、石榴、枣、柠檬、柿子、杏等。

图 4.44　微果园

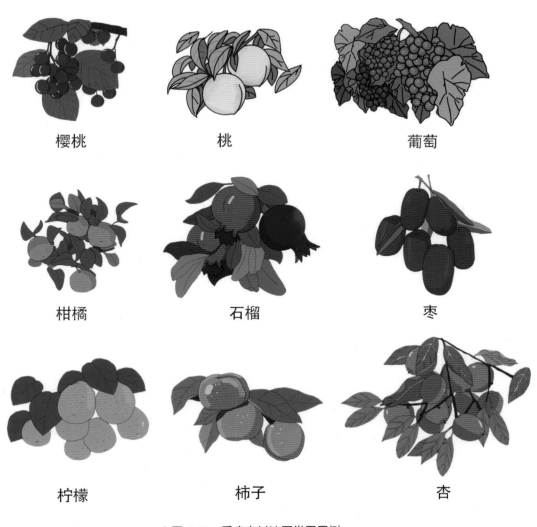

樱桃　　桃　　葡萄

柑橘　　石榴　　枣

柠檬　　柿子　　杏

图 4.45　重庆农村地区常用果树

果树的美好寓意

柑橘——大吉大利　　石榴——红红火火　　枣——早生贵子

樱桃——家庭和睦　　桃——健康长寿　　柿子——十全十美

3. 微菜园

对于农家庭院微菜园的打造，村民可结合生活需求种植时令蔬菜，也可结合乡村旅游种植观赏蔬菜。

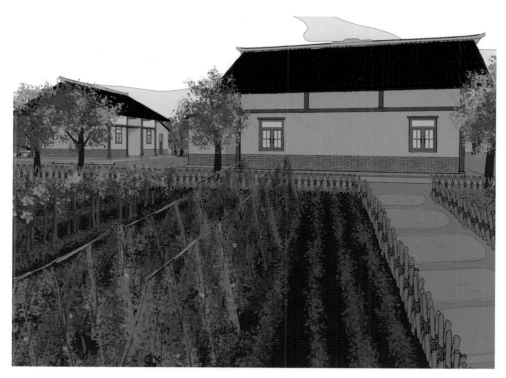

◎ 图 4.46 微菜园

◎ 图 4.47 可食菜园品种搭配图

后记

在本书即将付梓之际，感谢诸位为本书做出的贡献。

策划/统筹：高立洪、毕茹

项目参编团队：重庆市农业科学院农业工程研究所农村人居环境创新团队

参编人员：高立洪、毕茹、杨玉鹏、张娟、张凯、刘科、韦秀丽、蒋书琴、王敏

文：高立洪、毕茹、杨玉鹏、张娟

图片绘制：毕茹、杨玉鹏

责任编辑：周明琼

责任校对：杨景罡

设计排版：闰江文化